压缩感知浅析

李 峰 郭 毅 著

科 学 出 版 社

北 京

内 容 简 介

本书共7章，主要介绍压缩感知最基本的理论和典型应用。第1章简要地勾勒了压缩感知理论的基本轮廓和背景知识；第2章介绍了信号的稀疏性和可压缩信号模型；第3章深入讨论了采样矩阵应该具有的特性和其设计原则；第4章分析了在压缩感知的重建中采用 ℓ_1 范数最小化的根本原因；第5章系统地介绍了稀疏信号重建的典型算法；第6章讨论了稀疏编码与字典学习的相关知识；第7章介绍了压缩感知在几个特殊领域的典型应用。本书试图用最朴实的语句和简洁的公式来系统性地介绍压缩感知理论核心和其在实际中的应用。压缩感知虽然不像奈奎斯特采样定律一样具有普适性，但其在某些特殊的应用场景下，确实能够起到事半功倍的效果。

本书可供理工科类专业研究生以及高年级本科生阅读，也可供大专院校的教师、科研机构的研究人员参考。

图书在版编目(CIP)数据

压缩感知浅析/李峰，郭毅著. —北京：科学出版社，2015
ISBN 978-7-03-045748-6

Ⅰ.①压… Ⅱ.①李… ②郭… Ⅲ.①数字信号处理-研究
Ⅳ.①TN911.72

中国版本图书馆 CIP 数据核字(2015)第 225209 号

责任编辑：张海娜 罗 娟／责任校对：郭瑞芝
责任印制：吴兆东／封面设计：迷底书装

科学出版社 出版
北京东黄城根北街16号
邮政编码：100717
http://www.sciencep.com
北京中石油彩色印刷有限责任公司 印刷
科学出版社发行 各地新华书店经销
*
2015年10月第 一 版 开本：720×1000 1/16
2022年 2 月第六次印刷 印张：10 1/2 彩插：2
字数：212 000

定价：95.00元
(如有印装质量问题，我社负责调换)

前　言

“压缩感知”的英文表述为 compressive sensing 或者 compressed sensing，抑或 compressive sampling，缩写为 CS。单纯的“压缩”很容易理解，即把原来有冗余的数据剔除掉，形成更为节省内存空间的精炼数据；单纯的“感知”也很容易理解，即信号采样(模拟信号变成数字信号的过程)。“压缩感知”这种直白的翻译一开始可能不是很容易理解，但当了解了其深层次的理论后，就能慢慢理解它的本质，也就是把压缩和采样合二为一，即采样的过程也就是压缩的过程，经压缩感知采样后的数据本身就是压缩后的数据。该理论一经提出，便在信息论、信号/图像处理、医疗成像、射电天文、模式识别、光学/雷达成像、信道编码等诸多领域引起广泛关注。

我们发现到目前为止，国内尚没有系统介绍压缩感知的专著，在科学高速发展的今天，我们认为有必要简单扼要地将这个比较前沿的、有别于传统的采样方法及其相关的发展动态介绍给国内的科研工作者。作者李峰第一次接触压缩感知，是始于 2008 年在新南威尔士大学攻读博士学位时参加的一个学术报告，从那时起就一直关注这个理论的进展。而后在澳大利亚联邦科学与工业研究组织开展了将压缩感知应用到射电天文的相关研究，因而在这个领域中积累了一定的理论基础和实际经验。回国后，仍然没有放弃对这个理论的关注，同时也意识到国内还没有关于压缩感知的相关书籍，与同在澳大利亚联邦科学与工业研究组织中长期从事计算统计(包括稀疏模型)工作的郭毅研究员交流后，两人一拍即合，开始了本书的撰写工作。

本书将主要介绍压缩感知的基本概念。主要内容分为稀疏性、可压缩信号、采样矩阵设计理论、ℓ_1范数最小化、稀疏信号重建方法简介、稀疏编码与字典学习和压缩感知应用等几个章节，大体上勾勒了压缩感知理论系统的基本轮廓。如果该书能够使读者在各自的研究领域中拓展思路，我们将倍感荣幸与自豪。

本书作者李峰博士要特别感谢射电天文学家 Tim Cornwell 博士、图像处理专家 Donald Fraser 博士、遥感图像分析专家贾修萍博士、航天资深研究员张伟博士多年以来的帮助与支持，感谢国家自然科学基金面上项目(41371415)的支持。郭毅博士要感谢其长期科研合作者高俊斌教授(查尔斯特大学)、资深统计学家 Mark Berman(澳大利亚联邦科学与工业研究组织)一直以来的帮助与支持。此外，感谢兰州交通大学刘玉红副教授对本书的无偿校对和诸多有价值的修改意见。特别地，还要感谢 Igor Carron 博士关于压缩感知的个人博客(http://nuit-blanche.blogspot.com.au)，我们从上面汲取了大量有用的资料和知识。最后，感谢家人对我们从事科研工作的理解和支持。

由于作者水平有限，书中难免存在疏漏之处，欢迎读者批评指正。

李 峰
中国空间技术研究院钱学森空间技术实验室
郭 毅
澳大利亚联邦科学与工业研究组织
2015 年 10 月

目　录

前言

第 1 章　绪论 ………………………………… 1

参考文献 ………………………………… 7

第 2 章　稀疏信号和可压缩信号模型 ………………………………… 9

2.1　矢量空间简介 ………………………………… 9

2.2　基和框架 ………………………………… 11

2.3　稀疏性表达 ………………………………… 12

2.3.1　一维信号模型 ………………………………… 13

2.3.2　二维信号模型 ………………………………… 14

2.4　可压缩信号 ………………………………… 15

参考文献 ………………………………… 17

第 3 章　采样矩阵 ………………………………… 18

3.1　压缩感知的数学模型 ………………………………… 18

3.2　零空间条件 ………………………………… 20

3.2.1　斯巴克 ………………………………… 20

3.2.2　零空间特性 ………………………………… 21

3.3　约束等距性质 ………………………………… 24

3.3.1　约束等距特性和稳定性 ………………………………… 25

3.3.2　测量边界 ………………………………… 27

3.4　约束等距特性和零空间特性 ………………………………… 30

3.5　满足约束等距特性的矩阵 ………………………………… 35

3.6　非相关性 ………………………………… 37

参考文献 ………………………………… 42

第 4 章　压缩感知的重建 ………………………………… 44

4.1　基于 ℓ_1 范数最小化的稀疏信号重建 ………………………………… 44

4.2 无噪声信号重建 …… 46
4.3 有噪信号重建 …… 49
4.3.1 边界噪声污染信号的重建 …… 50
4.3.2 高斯噪声污染信号的重建 …… 52
4.4 测量矩阵的校准 …… 54
4.4.1 问题描述 …… 54
4.4.2 非监督校准 …… 56
4.4.3 仿真数据生成 …… 56
4.4.4 仿真结果 …… 57
参考文献 …… 59
第 5 章 稀疏信号重建算法 …… 61
5.1 稀疏信号重建算法 …… 61
5.2 基于凸优化类算法 …… 62
5.2.1 问题描述 …… 62
5.2.2 线性规划 …… 63
5.2.3 收缩循环迭代法 …… 64
5.2.4 Bregman 循环迭代法 …… 65
5.3 贪婪算法 …… 66
5.3.1 问题描述 …… 66
5.3.2 匹配跟踪算法 …… 66
5.3.3 正交匹配跟踪算法 …… 68
5.3.4 逐步正交匹配跟踪算法 …… 69
5.3.5 压缩感知匹配跟踪算法 …… 70
5.3.6 正则化正交匹配追踪算法 …… 71
5.3.7 循环硬门限法 …… 71
5.3.8 子空间追踪算法 …… 72
5.4 组合算法 …… 73
5.4.1 问题描述 …… 73
5.4.2 计数-最小略图法 …… 74
5.4.3 计数-中值略图法 …… 75
5.5 贝叶斯方法 …… 76

5.5.1 问题描述 …… 76
5.5.2 基于信任扩散的稀疏重建方法 …… 76
5.5.3 稀疏贝叶斯学习 …… 77
5.5.4 贝叶斯压缩感知 …… 79
参考文献 …… 79
第 6 章 稀疏编码与字典学习 …… 83
6.1 字典学习与矩阵分解 …… 87
6.2 非负矩阵分解 …… 92
6.3 端元提取 …… 97
6.4 稀疏编码 …… 100
6.4.1 最优方向法 …… 102
6.4.2 *K*-SVD …… 103
参考文献 …… 106
第 7 章 压缩感知的应用 …… 110
7.1 基于压缩感知的单像素相机 …… 110
7.2 压缩感知在激光雷达中的应用 …… 116
7.3 压缩感知在模拟数字转换器中的应用 …… 122
7.4 压缩感知在射电天文中的应用 …… 125
7.4.1 去卷积 …… 126
7.4.2 多频率合成 …… 134
7.5 压缩感知在基因检测器中的应用 …… 144
7.6 压缩感知在其他方面的应用 …… 147
7.6.1 稀疏误差纠错 …… 147
7.6.2 压缩感知在星载天文望远镜 HERSCHEL 中的应用 …… 148
参考文献 …… 149
附录 A 压缩感知实例 …… 152
参考文献 …… 154
附录 B Lenna 图像趣闻 …… 155
参考文献 …… 157
后记 …… 158
参考文献 …… 159

第1章　绪　　论

人类已经步入一个数字化的时代，很多信号处理已经从模拟领域进入数字领域。例如，很多身边常用的技术正在悄悄地转变，从模拟收音机到数字调频收音机，从模拟电视信号到数字电视信号，从模拟手机到数字手机……这种转变主要是因为数字信号比模拟信号具有更好的操控性、更灵活的应用和更便宜的成本，具有更易推广的潜质。令作者体会最深的是，20 世纪曾叱咤风云的模拟胶片相机经过短短几年的时间，于 21 世纪黯然退出主流市场，直接导致了国产胶卷品牌“乐凯”成为中国人永久的记忆。数字信号的巨大成功使得采样系统获取的数字信息从原来的涓涓细流发展成为波涛汹涌的浩瀚海洋。常规把模拟信号变成数字信号的过程，离不开奈奎斯特采样定律，该定律从 20 世纪后半叶开始在采样领域一直处于绝对的主导地位。奈奎斯特采样定律最初是美国物理学家奈奎斯特(Nyquist)在 1928 年提出来的，所以常被称为奈奎斯特采样定律。而后信息论的创始人香农(Shannon)对这一理论加以明确并最终确定为定理来推广，因而该定律亦被称为奈奎斯特-香农采样定律(本书中，将统一简称为奈奎斯特采样定律)。该定律指出，“在模拟信号到数字信号的转换过程中，当采样频率大于信号中最高频率的两倍时，采样后的数字信号能够完整地保留原始信号中的信息”。现实中，一方面，该采样定律经常导致过多的冗余采样或测量值；另一方面，在某些特定的应用中，满足该采样率将耗资巨大，甚至有时受客观条件限制，满足奈奎斯特采样定律的采样频率是根本无法实现的。虽然目前计算机的处理能力得到了长足的发展，但在数码相机成像、视频捕获、医疗成像、射电天文观测、远程监控等应用场合的数据获取和数据处理能力仍面临着巨大的挑战。

为了解决在处理多维海量数据时所需要面临的存储和传输的问题，通常采用压缩技术，即通过对原始数字信号的精炼表达，减少原始数据对存储空间和传输带宽上的需求。压缩技术大致分为两类:无损压缩和有损压缩。无损压缩顾名思义就是利用信号压缩后的精炼表达可以没有任何失真地恢复出原始数字信号;有损压缩则是利用信号压缩后的精炼表达大致地恢复出原始信号,恢复后信号与原始信号虽然有一定的误差,但误差在特定的应用中处于可接受的范围。很明显,虽然无损压缩很吸引人,但是由于它所能提供的压缩比有限,因而往往不适用于需要大压缩率的场合。数据压缩技术几乎无处不在,例如,拍摄的照片、听的音乐、欣赏的视频,甚至在星载光学遥感领域,几乎所有的光电载荷均配有专门的数据压缩单元。

变换域编码是一种较为流行的数据压缩方法,它通过将原始信号变换到某一个适当的变换域中来挖掘信号在该变换域中的稀疏性表达或可压缩的表达形式。这里的“稀疏性表达”是指,假设原始信号长度为 N,在变换域中该信号只有 K 个非零的系数,其中 $K \ll N$。利用这 K 个非零系数可以很好地表达原始信号。“可压缩的表达形式”是指原始信号可以很好地通过 K 个非零的系数来近似地表达。通过挖掘信号稀疏性表达的方式来实现信号的压缩,这种压缩方式被诸多的压缩标准所采纳,如 JPEG、JPEG2000、H. 264 和 MP3 等。常规的压缩技术如图 1. 1所示。首先实现模拟信号到数字信号的采样,而后把这些采样数据变换到相应的变换域挖掘稀疏性,进而开展量化编码实现压缩。

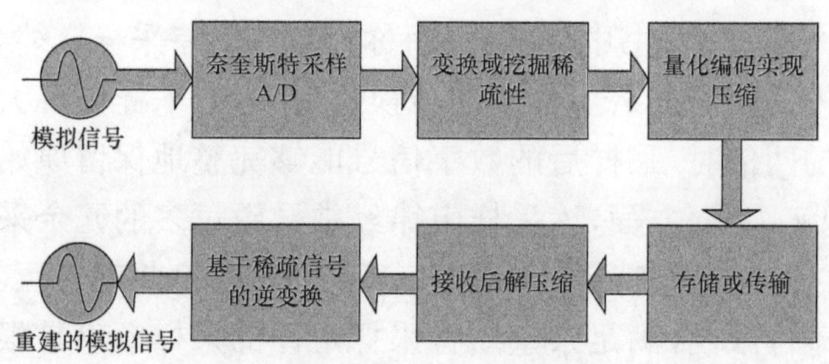

图 1.1　常规压缩技术原理框图

信号能够被压缩是因为信号本身具有很大的冗余度,无论声音信号还是图像信号都是如此。如图 1. 2(见文后彩图)所示,图(a)为原始图像,图(b)是图(a)经过 JPEG2000 标准压缩后恢复的结果。图(b)的数据量几乎只占图(a)的10%左右，而人眼几乎分辨不出任何差异。所以图(a)在采样过程中包含了大约90%的冗余数据。我们来回顾这个过程，首先通过A/D完成采样，其中含有大量的冗余数据，而后通过变换域挖掘信号的稀疏性，最后通过压缩算法实现压缩。这个过程其实造成了巨大的浪费，首先采集大量的冗余数据，而后在压缩过程再把这些冗余数据去掉，那么为什么不一开始就丢弃那90%的冗余数据，直接采集有效的数据呢？这样不仅可以节省数据采集过程的成本，还能节省空间，这就引出了本书的核心“压缩感知”。

(a) 图像大小为768KB

(b) 图像大小为86KB

图1.2　图像信号的数据冗余度

压缩感知采样的原理框图如图1.3所示，整个压缩感知的采样体系是由Emmanuel Candès、Justin Romberg、Terence Tao和David Donoho建立的。压缩感知理论指出稀疏的或具有稀疏表达的有限维数的信号可以利用远少于奈奎斯特采样数量的线性、非自适应的测量值无失真地重建出来。该理论一经提出，便在信息论、信号/图像处理、医疗

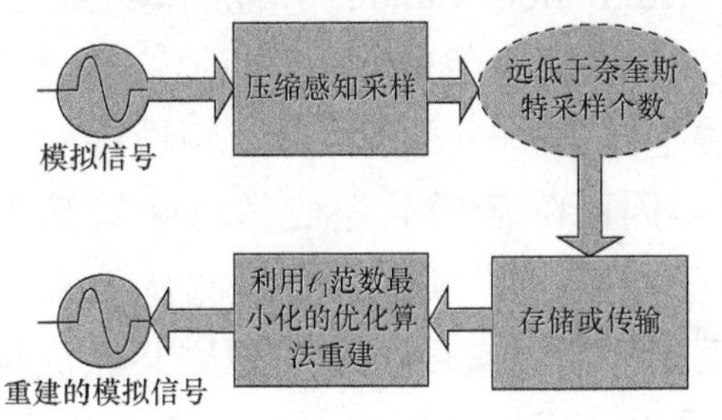

图1.3　压缩感知采样原理框图

成像、射电天文、模式识别、光学/雷达成像和信道编码等诸多领域引起广泛关注。

David Donoho 于 1957 年出生，本科毕业于普林斯顿大学，博士毕业于哈佛大学，目前是美国斯坦福大学统计学的资深教授。他的研究涵盖诸多领域：多维数据的高效降维研究、小波在降噪方面的应用和优化算法研究等。他是美国艺术和科学院的院士，同时也是联邦科学院院士，曾经指导过 20 多名博士研究生，其中 Emmanuel Candès 教授就是他的学生之一。Emmanuel Candès，法国人，博士毕业于斯坦福大学，在那里师从 David Donoho，博士毕业后曾经任职于美国加州理工学院，曾经与 Terence Tao 教授是同事，目前是斯坦福大学的数学与统计学专业和电子工程系荣誉教授，同时也是应用计算数学领域的教授。作为 ridgelet 脊波变换和 curvelet 角波变换的创始人，他的研究领域主要包括数学分析、优化算法、统计估测及医疗影像科学信号处理。Emmanuel Candès 教授曾获诸多国际奖项，包括美国国家科学基金会最高个人奖项(该奖项主要奖励 35 岁以下的学者)。Terence Tao，澳籍华人数学家，中文名为陶哲轩，童年时期就天资过人，曾被称为当代最聪明的人之一，主要研究调和分析、偏微分方程、组合数学、解析数论和表示论，是 2006 年菲尔兹(Fields)数学奖的得主，该奖项号称数学界的诺贝尔奖。从 24 岁起，他在加利福尼亚大学洛杉矶分校担任教授，目前为该校终身数学教授。Justin Romberg，当年是 Emmanuel Candès 教授指导的一名博士后，随着压缩感知理论的发展，目前他已经是乔治亚理工学院的一名副教授。

在 21 世纪初，Emmanuel Candès 和他的博士后 Justin Romberg 致力于如何减少医疗磁共振成像的时间，即提高成像效率方面的研究。磁共振成像的本质是在 K-space 即傅里叶频域中对原始图像的傅里叶变换系数进行采样，因而降低磁共振成像时间最简单的方法就是减少采样个数，以远少于奈奎斯特采样个数的测量值来实现成像。但带来的问题是图像很模糊并充满噪声。常规的磁共振成像时间较长且效率低下，成年人一般可以在成像时期内保持一个姿势不动，但如果患者是幼童，很难保证他们长时间保持一个姿势，因而研究降低磁共振的成像时间有着重要意义。2004 年 2 月的一天，Emmanuel Candès 正在自己的电脑上看着 Shepp-Logan 图像（这是一幅通常被计算机科学家和工程师用于测试成像算法的标准图像，如图 1.4 所示），并尝试基于一个严重失真的模型图像重建一幅清晰一些的图像，这个失真模型主要是模拟由于磁共振成像仪不能长时间精细扫描而产生的模糊图像。当时，他采用了 ℓ_1 范数最小化的算法尝试实现重建工作。

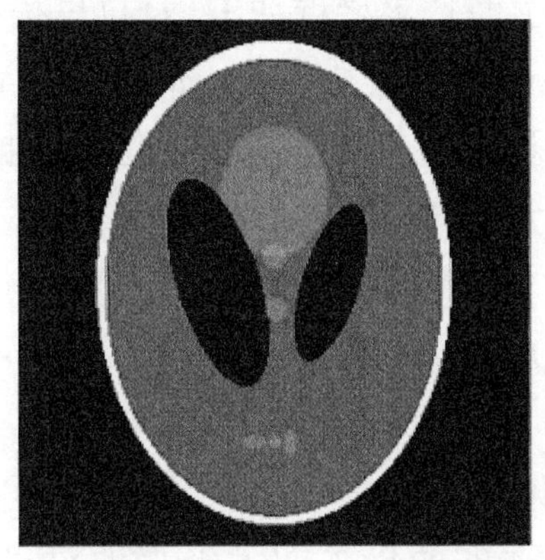

图 1.4　Shepp-Logan 图像

实验中，Emmanuel Candès 本来是希望重建的图像变得稍微清晰一些，但是他突然发现用残缺的采样数据，竟然可以重建出毫无缺陷的图像，即重建图像和原图没有任何差别。他很困惑，这简直如同变魔术一样，太不可思议了。正如他在多次报告中表述的那样：“这就好像你给了我十位银行账号的前三位，然后我能够猜出接下来的七位数字。”他尝试在不同类型的模型图像上重新进行这个实验，结果都非常好。Emmanuel Candès 百思不得其解，而后向 Terence Tao 请教，于是 Terence Tao 也开始思考这个问题，这也就成为两人合作的压缩感知领域第一篇论文[1]的基础。同时 David Donoho 也开始着手研究这个有趣的问题，在这些科研人员的强强联合下，构建出了整套完美的压缩感知理论。

如表 1.1 所示，压缩感知与常规的经典采样理论的区别主要表现在如下四个方面。

表 1.1 压缩感知与经典奈奎斯特采样的对比

奈奎斯特采样(20 世纪 50 年代)	压缩感知(2005 年左右)
直接采样	非直接采样
均匀采样	非均匀采样
目标信号最高频率决定采样频率	稀疏性决定采样个数
所采即所得	需要重建步骤

(1) 在常规的奈奎斯特采样框架下,对目标信号的采样是通过 Sinc 函数直接与目标信号的内积来完成的,而压缩感知采样系统通常利用采样矩阵或函数与目标信号乘积的方式间接地获取采样值。

(2) 传统的采样方法利用目标信号中最高频率两倍以上的采样率均匀地对目标信号进行采样,而压缩感知中则采用随机非均匀的采样方式。将在本书的随后章节中阐述随机性在设计采样矩阵或函数中所发挥的重要作用。

(3) 传统的奈奎斯特采样理论要求,采样率至少为带宽受限(带限)的目标信号中最高频率的两倍才能无失真地对目标信号采样,即目标信号最高频率决定采样频率。而在压缩感知的框架下,目标信号的稀疏性决定采样个数。针对目标信号中包含少量非零信号的情况,可以利用远低于传统采样理论所需的采样个数无失真地恢复原始目标信号,所以压缩感知在理论上可以把采样和数据压缩合成一步完成。

(4) 在常规的奈奎斯特采样框架下,信号重建是通过 Sinc 函数插值来完成的。由于压缩感知并没有直接对目标信号采样,因而它需要一个利用基于 ℓ_1 范数最小化的重建步骤来恢复出原始的目标信号。

奈奎斯特采样定律指出,为了完全采样任意的带宽受限信号,至少需要某一特定个数的采样值。与此相对比的是,对稀疏信号或在某个特定的已知字典基中有稀疏表达的信号而言,压缩感知可以极大地降低采样个数,即提高采样效率,因而它比较适合用在某些探测器昂贵或测量手段耗资巨大的场合,这种优势是不言而喻的。关于这个优势,在不同的场合有不一样的解读。例如,对星载光学成像设备而言,省略整个压缩单元意味着节省大量的功耗、空间和重量,这对航天遥感来说意义重大。在射电天文中,阵列天线是观测天文图像的探测器,融入压缩感知技术,可以在同样的天线个数下,重构出更好的天文图像或者在不牺牲图像质量的前提下减少对天线个数的要求。再举一个简单的例子,常规的可见光 CCD 或 CMOS 探测器集成密度高,成本低,这是因为人眼敏感的可见光刚好与材料硅的感光特性一致,因而常规的数码相机价格低廉。然而对红外探测器而言,由于探测器的成本极高,因而相应的红外相机价格昂贵。目前已经有 InView 公司[2]开展了基于压缩感知的短波红外相机的开发工作,并取得了较为理想的进展。

压缩感知在最近一段时间备受关注,每年以该关键词发表的文章呈雪崩的状态发展。事实上,它的理论发展是诸多学者在各自领域内深入研究的结果。早在 1795 年,Prony 就提出了一种利用采样值来估计几何幂指数参数进而预测噪声的方法[3]。在 20 世纪 90 年代,这方面的研究被 George 以及一直从事挖掘生物磁成像稀疏性表达研究的 Gorodnitsky和 Rao 等进一步扩展[4,5]。同一时期还有 Bressler 和 Feng 等为获取某 K 个非零的带限信号而提出的一种采样策略[6,7]。在 21 世纪初,Vetterli 等针对由 K 个参数表示的非带限信号提出了一种采样策略,只需要 $2K$ 个采样值即可恢复原始目标信号[8]。同样与压缩感知密不可分地在地球物理领域广为应用的基于 ℓ_1 范数最小化的重建稀疏信号的方法也可以追溯到 20 世纪 80 年代的地质探测领域[9]。

本书将主要介绍压缩感知的基本概念。主要内容分为稀疏性、可压缩信号、采样矩阵设计理论、ℓ_1 范数最小化、稀疏信号重建方法简介、稀疏编码与字典学习和压缩感知应用等几个章节。

参考文献

[1] Candès E J, Tao T. Near-optimal signal recovery from random projections: Universal encoding strategies[J]. IEEE Transactions on Information Theory, 2006, 52(12): 5406-5425.

[2] McMackin L, Herman M A, Chatterjee B, et al. A high-resolution swir camera via compressed sensing[C]. Proceedings of the SPIE Defense, Security, and Sensing, International Society for Optics and Photonics,2012:835303-835310.

[3] Prony R. Essai experimental [J]. de l'Ecole Polytechnique(Paris), 1795, 1(2): 24-76.

[4] Gorodnitsky I F, Rao B D, George J. Source localization in magnetoencephalography using an iterative weighted minimum norm algorithm[C]. Proceedings of the Signals, Systems and Computers, Conference Record of The Twenty-Sixth Asilomar Conference on, 1992,1:

167-171.

[5] Rao B D. Signal processing with the sparseness constraint[C]. Proceedings of the Acoustics, Speech and Signal Processing, IEEE International Conference on Acoustics, Speech and Signal Processing, 1998, 3: Ⅲ-1861.

[6] Feng P. Universal Minimum-rate Sampling and Spectrum-blind Reconstruction for Multi-band Signals [D]. Urbana-Champaign: University of Illinois, 1998.

[7] Feng P, Bressler Y. Spectrum-blind minimum-rate sampling and reconstruction of multiband signals[C]. Proceedings of the ICASSP-96, 1996, 3: 1688-1691.

[8] Vetterli M, Marziliano P, Blu T. Sampling signals with finite rate of innovation [J]. IEEE Transactions on Signal Processing, 2002, 50(6): 1417-1428.

[9] Santosa F, Symes W W. Linear inversion of band-limited reflection seismograms [J]. SIAM Journal on Scientific and Statistical Computing, 1986, 7(4): 1307-1330.

第 2 章　稀疏信号和可压缩信号模型

2.1　矢量空间简介

一直以来，信号处理都是以物理系统产生的信号为中心展开的。很多自然的或人造的物理系统都可以被描述为诸多属性的集合，因而很自然地，在现代信号处理中通常采用矢量空间中的矢量来描述信号。在本书中，假设读者已经较为熟悉矢量空间的一些基本概念。这里只是简单地回顾一下与压缩感知理论相关的一些关键术语和概念。需要更多了解矢量空间的读者可以参考文献[1]。

通常可以把有限域中的离散信号看成分布于 N 维欧几里得空间中的向量，将这个空间简记为$\mathbb{R}^N$。往往比较关心矢量的范数 ℓ_p，针对 $p\in[1,\infty)$时定义如下：

$$\|x\|_p=\begin{cases}\left(\sum_{i=1}^{N}|x_i|^p\right)^{\frac{1}{p}}, & p\in[1,\infty)\\ \max|x_i|, & p=\infty\end{cases}\quad i=1,2,\cdots,N \tag{2.1}$$

$\mathbb{R}^N$中的标准内积定义为

$$\langle x,z\rangle=z^{\mathrm{T}}x=\sum_{i=1}^{N}x_i z_i \tag{2.2}$$

因而矢量的范数 ℓ_2 可以表示为$\|x\|_2=\sqrt{\langle x,x\rangle}$。而在 $p<1$ 的情况下，式(2.1)中定义的范数已经无法满足三角不等式，所以它本质上是拟范数(quasinorm)[2]。本书中，将经常采用如下表达式$\|x\|_0=|\mathrm{supp}(x)|$，其中 $\mathrm{supp}(x)=\{i:x_i\neq 0\}$表示 x 的支撑集或简称为支撑；$|\mathcal{S}|$表示集合$\mathcal{S}$的基数，也就是集合$\mathcal{S}$中元素的个数。$\|x\|_0$ 通常记为 ℓ_0，注意$\|\cdot\|_0$ 甚至连拟范数都谈不上。

范数或拟范数 ℓ_p 通常随着 p 的不同而具有不同的特性。如图 2.1 所示，在$\mathbb{R}^2$中的单位球体即$\{x:\|x\|_p=1\}$时，有不同的表现。图 2.1(a)

表示的是 ℓ_1 范数，图(b)是 ℓ_2 范数，而图(c)表示的是 ℓ_∞ 范数，最后图(d)是 $\ell_{\frac{1}{2}}$ 拟范数。很明显，当 $p<1$ 时，单位球已经不再是凸集了，进而表明不再满足三角不等式。

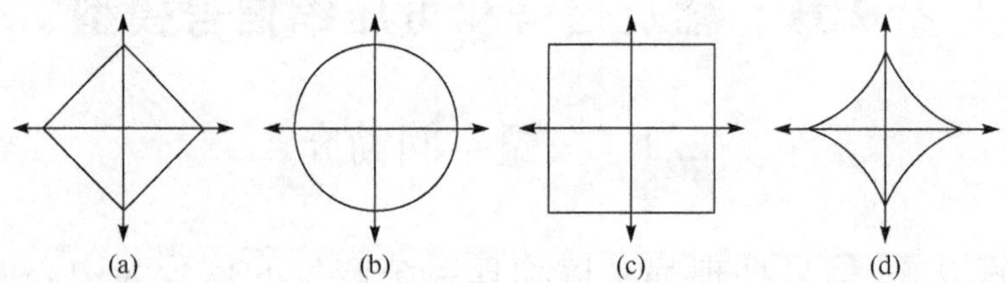

图 2.1　各种 p 值的 ℓ_p 在 $\mathbb{R}^2$ 中的单位球体即 $\{x: \|x\|_p=1\}$ 的表现

通常采用范数来描述信号的强度或误差的大小。假设已知一个信号 $x\in\mathbb{R}^2$，希望用一个在一维 Affine 空间[①] $\mathbb{A}$ 中的点来逼近它。如果采用 ℓ_p 衡量这种逼近误差，那么任务就是找到 $\hat{x}\in\mathbb{A}$ 使得 $\|x-\hat{x}\|_p$ 最小，这时对参数 p 的选择至关重要，不同的 p 值将使得逼近误差具有不同的特性和表现。如图 2.2 所示，为了找出在 $\mathbb{A}$ 中最接近 x 的点，可以想象一个以 x 为中心不断膨胀的 ℓ_p 球，直到得到它碰到 $\mathbb{A}$ 的点，该点即为在 ℓ_p 条件下在 $\mathbb{A}$ 上最接近 x 的点，即 $\hat{x}$。当 $p=1,2,\cdots,\infty$ 和 $\frac{1}{2}$ 时，采用 ℓ_p 衡量这种逼近误差，分别具有不同的表现形式。图 2.2(a)描述的是 ℓ_1 范数下的逼近；图(b)表示的是在 ℓ_2 范数下的逼近；图(c)描述的是在 ℓ_∞ 范数下的逼近；最后，图(d)是在拟范数 $\ell_{\frac{1}{2}}$ 下的逼近。从图中可以看出，当 p 较大时，误差被均匀地扩散到二维空间中(与 x 不在同一水平或垂直轴上)；当 p 较小时，这种误差的衡量方式将会有很大概率使选

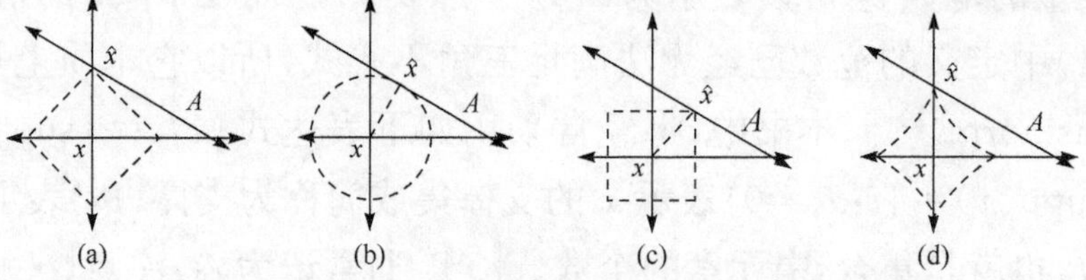

图 2.2　利用不同范数描述逼近误差时的不同表现

① Affine 空间即仿射空间，是由这样的点构成的空间：如果 x 和 y 都属于此空间，则 $\theta x+(1-\theta)y$ 也属于此空间。可以简单地理解仿射空间是平移了的线性子空间。

择的 $\hat{x}$ 与 x 位于同一水平或垂直轴上，即非对称地把误差缩小到一维空间中（减少了一个维度），从而促进稀疏特性的产生。这个直观的例子不仅可以扩展到多维空间，同时在整个压缩感知理论的形成过程中起着举足轻重的作用。

2.2 基和框架

矢量集 $\Psi=\{\psi_i\}$，$i\in\mathcal{J}$（$\mathcal{J}$ 是一个索引集，即 $\mathcal{J}=\{1,2,\cdots\}$）可以称为有限维矢量空间 $\mathbb{V}$ 中的基，前提是矢量集中的矢量可以生成矢量空间 $\mathbb{V}$，而且矢量 ψ_i 之间是非线性相关的。也就是说，在矢量空间 $\mathbb{V}$ 中的任何一个矢量都可以通过矢量集 Ψ 中矢量的线性组合唯一表达，而且这种线性表达的系数可以通过信号和该矢量空间中基的内积来表示。离散情况下，这里只考虑有限维的实 Hilbert 空间，即 $\mathbb{V}=\mathbb{R}^N$，同时 $\mathcal{J}=\{1,\cdots,N\}$。

从数学的角度来说，任何信号 $x\in\mathbb{R}^N$ 可以表示为

$$x=\sum_{i\in\mathcal{J}} a_i\,\psi_i \tag{2.3}$$

在不引起误解的情况下，有时用表示矢量集合的符号表示矩阵，如 Ψ 有时也表示由列向量 ψ_i 构成的矩阵，其大小为 $N\times N$；同时可以采用符号 α 表示由元素 a_i 构成的长度为 N 的矢量，则式(2.3)就可以有一种更为紧凑的表达方式：$x=\Psi\alpha$。关于基的众多阐述中，有一种很特殊的情形，即标准正交基。标准正交基通常定义为：矢量基 $\Psi=\{\psi_i\}$，$i\in\mathcal{J}$ 中所有矢量间是正交的而且每个基的范数都为单位 1，即 $\Psi^{\mathrm{T}}\Psi=I$，其中 I 表示 $N\times N$ 的单位矩阵。换句话说，也就是

$$\langle\psi_i,\psi_j\rangle=\begin{cases}0, & i\neq j\\ 1, & i=j\end{cases}$$

标准正交基的优点是对于任何属于该矢量空间中矢量 x，可以很容易地计算出在该标准正交基表示下的系数 α，即 $\alpha=\Psi^{\mathrm{T}}x$。

通常情况下，把基的概念推广到一些可能线性相关的矢量集是很有意义的，这就形成了常说的框架（frame）[3-5]，即矢量集 $\Psi=\{\psi_i\}_{i=1}^N$ 且 $\psi_i\in\mathbb{R}^d$，其中 $d<N$，相当于矩阵 $\Psi\in\mathbb{R}^{d\times N}$，对所有矢量 $x\in\mathbb{R}^d$ 满足

$$A\|x\|_2^2 \leqslant \|\Psi^{\mathrm{T}} x\|_2^2 \leqslant B\|x\|_2^2 \tag{2.4}$$

其中，$0<A\leqslant B<\infty$。值得注意的是，$A>0$ 意味着矩阵 Ψ 中的行矢量一定是线性独立的。如果 A 被选为使这个不等式成立的可能存在的最大值，B 被选为使这个不等式成立的可能存在的最小值，则把它们称为框架界。如果 $A=B$，则这个框架称为 A-tight，即紧框架[3-5]；如果 $A=B=1$，则 Ψ 是一个 Parseval 框架[6]。若存在某个 $\lambda>0$，使得对所有 $i=1,\cdots,N$，都有 $\|\varphi_i\|_2=\lambda$，则说这个框架是 λ 等范数的，如果 $\lambda=1$，则称为是单位范数框架。需要指出的是，框架的定义可以推广到无限维的空间中，但如果 Ψ 是一个有限维矩阵，则 A 和 B 分别对应 $\Psi\Psi^{\mathrm{T}}$ 的最小特征值和最大特征值。由于框架具有一定的冗余性[7]，所以它可以对目标数据提供更为丰富的表达，即针对一个目标信号矢量 x，存在无数个系数矢量 α，使得 $x=\Psi\alpha$。

2.3 稀疏性表达

为了更精炼地表达一个信号，通常可以把信号变换到一个新的基或框架下，当非零系数的个数远远少于原始信号的项数时，可以把这些少量的非零系数称为原始信号的稀疏性表达。针对一些特定的存储空间受限或传输带宽受限的情况，可以只存储或传输一些基或框架下的非零系数，而不是全部的原始冗余信号，因而这种稀疏性表达在现实生活中有着重要意义。在压缩感知的理论体系中，稀疏信号模型可以确保高倍压缩率，只要预先知道目标信号在已知的基或框架下具有稀疏性表达，就可以无失真重建原始信号。需要指出的是，在稀疏性表达的相关研究领域中，通常把前面小节介绍的基或框架称为字典（dictionary）或过完备字典（overcomplete dictionary），而其中的矢量元素则被称为原子（atoms）。

从数学的角度来说，当信号 x 中最多有 K 个非零的值时，称信号 x 是 K 稀疏的，即 $\|x\|_0\leqslant K$，采用

$$\Sigma_K=\{x:\|x\|_0\leqslant K\} \tag{2.5}$$

表示所有 K 稀疏信号的集合，可以同样地针对一些本身并不稀疏但在

一些基矩阵 Ψ 中具有稀疏性表达的信号，这时 $x=\Psi a$，其中 $\|a\|_0\leqslant K$，则仍把这些信号看成 K 稀疏的。

关于信号的稀疏性表达研究，并不是压缩感知理论的首创，它在信号处理和逼近论中有着悠久的历史，尤其在诸数据压缩[8-10]、去噪[11]等应用中起着重要的作用。稀疏性同样在统计估计[12]、模型选择[13]和人类视觉系统研究[14]中有着举足轻重的作用。自从人们发现小波变换可以为自然图像提供近乎稀疏性的表达后，关于稀疏性表达的研究在图像处理方面的应用呈现爆炸式的发展。下面，简要描述一些一维和二维信号的例子。

2.3.1　一维信号模型

这里将用一个例子描述用两种不同的基挖掘同一个信号的信息。已知一个周期信号经过一个周期脉冲信号 $y=\sin\left(\frac{6\pi k}{N}\right)$，$k=1:150$，$N=150$ 采样，如图 2.3(a)所示。由图可以看出这个信号包含了大量的非零项，由于信号的周期性，该信号具有很大的冗余度。首先采用小波变换，即用有限长或快速衰减的、称为母小波(mother wavelet)的振荡波形来表示信号。该波形被缩放和平移以匹配输入的信号。从图 2.3(b)可以看出，经过离散小波变换后这个信号只有较少的非零系数，绝大部分系数为零的或接近零。小波变换经常与傅里叶变换(表示为一系列三角函数的和)做比较，它们的主要区别是小波在时域和频域都是局部的，而标准的傅里叶变换只在频域上是局部的，而小波通常通过多

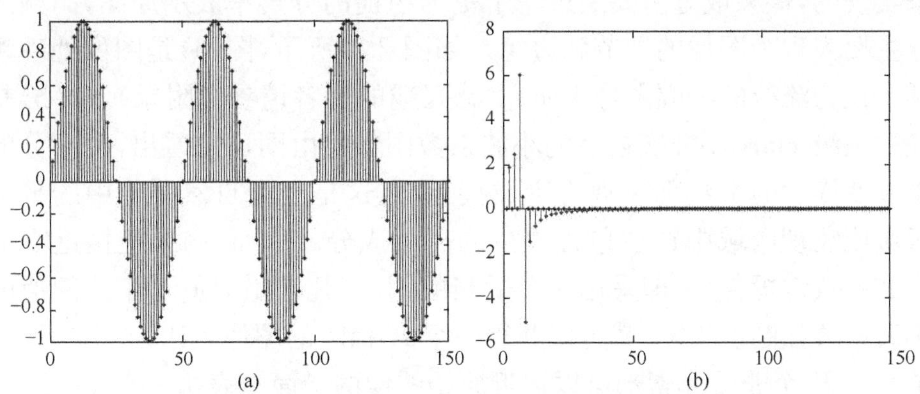

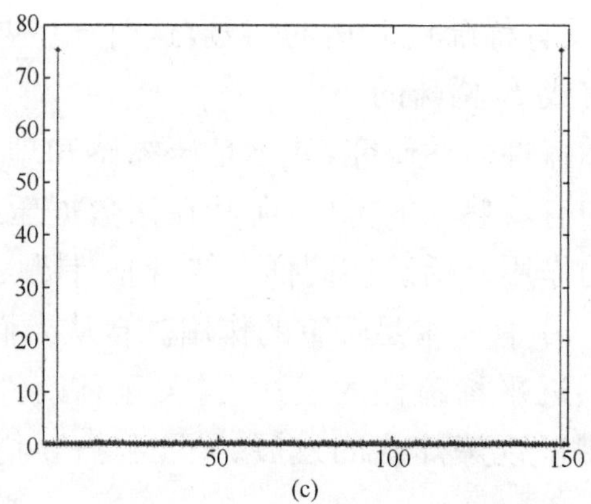

图 2.3　时域冗余信号和其在小波、频域中的稀疏表示

分辨率分析可以给出信号更好的表示[15]。针对这个特定的信号，傅里叶变换却可以给出更为稀疏的表示，如图 2.3(c)所示，它只包含两个非零值，主要是因为这个时域信号恰好是正弦信号。

2.3.2　二维信号模型

同样的稀疏性概念也可以拓展到二维信号，图像是可以压缩的，而稀疏变换是图像压缩的前提。

夜晚星空的二值图像就是一个稀疏信号，因为在空间域或图像域中，大多数像素都是零，只有少数的星星表现为 1。其实自然界的图像也有类似的表现，自然图像通常是由大面积的平滑区域、纹理区域和少量的边缘构成的。研究表明，这类信号经过多级小波变换后可以表现出稀疏性[15]。小波变换是通过循环地把图像分成低频成分和高频成分来实现的，低频成分主要通过一个更为粗糙的分辨率表示原图，高频成分主要表现为图像的细节和边缘。如图 2.4 所示，图(a)是图像处理领域中最为流行的一幅图像 Lenna(感兴趣的读者请参考附录)，图(b)是经过三级 Harr 小波变换后的小波系数图像。由图可以看出，大部分的小波变换后的系数都表现为零或接近零，这是因为自然图像中的平滑区域或纹理区域中往往包含较少的高频成分。因而，如果把接近零的小波系数都置为零，即采用一个适当的阈值，凡是绝对值小于该阈值的小波系数强制设为零，就可以获得一个 K 稀疏的图像表达，这也就形成了基于 K 个非零元素却可以逼近原始图像的最简洁表达。

(a)

(b)

图 2.4　自然图像经过小波变换后的稀疏表示

2.4　可压缩信号

需要指出的是,在现实世界中很少有信号是真正稀疏的。当说某个信号可压缩[16]时,更确切地说,这个信号是可以通过稀疏信号近似表达的。同样的道理,存在于子空间的信号可以通过几个较少的主成分来近似表达[17]。可以通过下面的公式定量地计算原始信号 x 与稀疏表达信号 $\hat{x}\in\Sigma_K$ 之间的误差:

$$\sigma_k(x)_p=\min\|x-\hat{x}\|_p,\quad \hat{x}\in\Sigma_K \tag{2.6}$$

很明显,如果 $x\in\Sigma_K$,则无论 p 取何值,均有$\sigma_k(x)_p=0$。当 x 不是绝对稀疏信号时,就 ℓ_p 范数而言,采用 K 个幅值最大的稀疏表达信号 $\hat{x}$ 通常可以看成最优的近似表达[18]。

事实上还存在一种理解可压缩信号的方式,就是了解信号本身或其在某个变换域中系数的衰减情况。很多信号都具有某类特定的变换基,使得它们的变换系数服从幂指数递减,这就说明该信号在此变换域中具有较强的可压缩性。具体来说,如果 $x=\Psi\alpha$,把 x 的系数 α 按照幅值的大小排列,如 $|\alpha_1|\geqslant|\alpha_2|\geqslant\cdots|\alpha_n|$,如果存在一个常数 C_1 和 $q>0$,使得所有系数均满足

$$|\alpha_i|\leqslant C_1 i^{-q} \tag{2.7}$$

则说这些变换系数服从幂指数递减。q 越大,说明系数的幅度下降得越大,因而这个信号的可压缩性越好。由于系数幅度下降得很大,故这类

可压缩信号通常可以采用 $K \ll n$ 个系数来近似表达。如图 2.5(a)所示,Lenna 图像经过三级 Harr 小波变换后,将这些小波系数根据幅值的大小按降序排列,我们可以看出小波系数幅值的下降幅度确实有服从幂指数递减的趋势,如果只保留其中 10%较大幅度的小波系数,即把其他小波系数强制设为 0,则经过逆小波变换后,它的恢复结果如图 2.5(b)所示,用肉眼几乎看不出差异。所以自然图像是很具代表性的一种可压缩信号,如图 2.6 所示,图像是可压缩的。

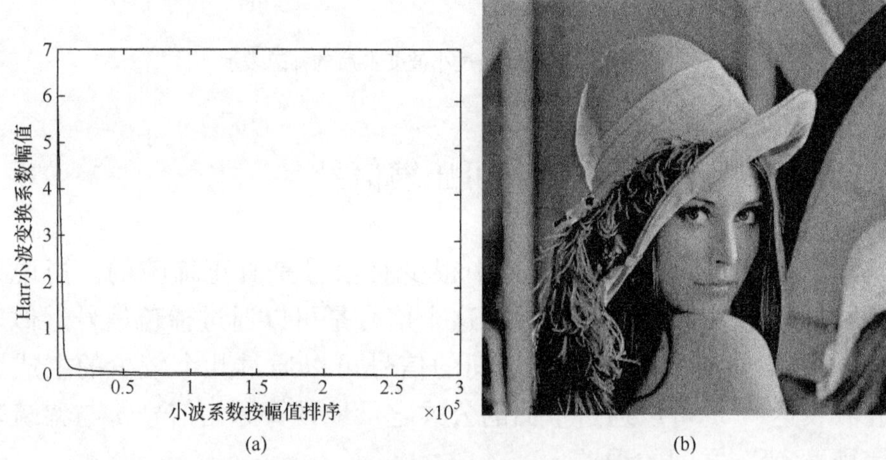

图 2.5　小波变换系数的幂指数递减分布特点及其在压缩中的应用实验

图 2.6　图像具有可压缩性

参 考 文 献

[1] Davenport M A, Boufounos P T, Wakin M B, et al. Signal processing with compressive measurements [J]. IEEE Journal of Selected Topics in Signal Processing, 2010, 4: 445-460.

[2] DeVore R A, Howard R, Micchelli C. Optimal nonlinear approximation [J]. Manuscripta Mathematica, 1989, 63: 469-478.

[3] Christensen O. An Introduction to Frames and Riesz Bases [M]. New York:Springer Science & Business Media,2013.

[4] Jelena K A, Chebira A. Life beyond bases: The advent of frames(Part I)[J]. IEEE Signal Processing Magazine, 2007, 24: 86-104.

[5] Kovacevic J, Chebira A. Life beyond bases: The advent of frames(Part II)[J]. IEEE Signal Processing Magazine, 2007, 24: 115-125.

[6] Casazza P G, Kutyniok G. A generalization of Gram-Schmidt orthogonalization generating all Parseval frames [J]. Advances in Computational Mathematics, 2007, 27: 65-78.

[7] Cahill J, Casazza P G, Heinecke A. A Quantitative Notion of Redundancy for Infinite Frames [M]. New York:Arxiv Preprint,2010.

[8] DeVore R A. Nonlinear approximation[C]. Proceedings of the Acta Numerica, F,Cambridge:Cambridge University Press,1998.

[9] Pennebaker W B, Mitchell J L. JPEG: Still Image Data Compression Standard [M]. London:Kluwer Academic Publishers, 1992.

[10] Taubman D S, Marcellin M W, Rabbani M. JPEG2000: Image compression fundamentals, standards and practice [J]. Journal of Electronic Imaging, 2002, 11: 286-287.

[11] Donoho D L. De-noising by soft-thresholding [J]. IEEE Transactions on Information Theory, 1995, 41: 613-627.

[12] Hastie T, Tibshirani R, Friedman J J H. The Elements of Statistical Learning [M]. New York:Springer, 2001.

[13] Tibshirani R. Regression shrinkage and selection via the lasso [J]. Journal of the Royal Statistical Society Series B(Methodological), 1996, 1:267-288.

[14] Olshausen B A. Emergence of simple-cell receptive field properties by learning a sparse code for natural images [J]. Nature, 1996, 381: 607-609.

[15] Mallat S. A Wavelet Tour of Signal Processing [M]. Waltham:Academic Press, 1999.

[16] Baraniuk R, Davenport M A, Duarte M A, et al. An introduction to compressive sensing [J]. Connexions e-textbook, 2011.

[17] Hastie T, Tibshirani R, Friedman J, et al. The Elements of Statistical Learning [M]. New York:Springer, 2009.

[18] DeVore R A. Nonlinear approximation [J]. Acta Numerica, 1998, 7: 51-150.

第3章 采样矩阵

3.1 压缩感知的数学模型

为了使讨论更加具体，将对比常规奈奎斯特采样数学模型，介绍有限维信号的标准压缩感知数学模型。如图 3.1(见文后彩图)所示，已知一个信号 $x\in\mathbb{R}^N$，假设基于奈奎斯特采样模型，因为奈奎斯特采样是所采即所得。为了不漏掉任何一个目标信号 x 中的元素，原则上需要 N 个测量值，此时的测量矩阵可以简单地理解为对角标准阵。由此可见，虽然目标信号 x 中只包含 K 个非零值，其中 $K\ll N$，但仍然需要 N 个测量值。这里是否存在巨大的资源浪费呢？答案是肯定的。正如第 2 章介绍的那样，以图像压缩为例，一方面明知自然图像具有大量的冗余信息，还要通过采样获取所有的像素值；另一方面，又要通过图像压缩技术来去掉冗余信息，从而降低对图像存储和传输系统的压力，这极大地制约了现代信号处理的效率。压缩感知正是在这一背景下应运而生的，下面将进一步描述压缩感知的数学模型。

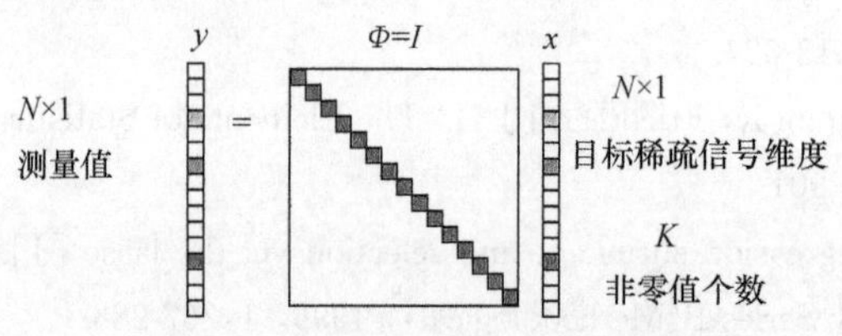

图 3.1 奈奎斯特采样的数学模型

针对一个信号 $x\in\mathbb{R}^N$，x 中只包含 K 个非零值。假设通过一个测量矩阵 Φ 获取了 M 个线性测量值，即可以通过下面的数学模型描述这个采样过程

$$y=\Phi x \tag{3.1}$$

其中，Φ 是一个大小为 $M\times N$ 的矩阵，$y\in\mathbb{R}^M$，即采样所得的测量值。

如图 3.2(见文后彩图)所示,矩阵 Φ 表示一个降维的投影操作,把$\mathbb{R}^N$映射到$\mathbb{R}^M$中,一般来说 $K<M\ll N$,即矩阵 Φ 的列数远多于行数,这种数学表示也就是对标准压缩感知框架的描述。这里说的"标准压缩感知框架"即表明测量过程是非自适应的,也就是说,矩阵 Φ 是预先固定的,它并不随着前面获取的测量值而变化。虽然在某些特定的应用中,自适应的测量体制可以大幅提升整个采样过程的收益,但本书中将不对这个方向具体阐述。

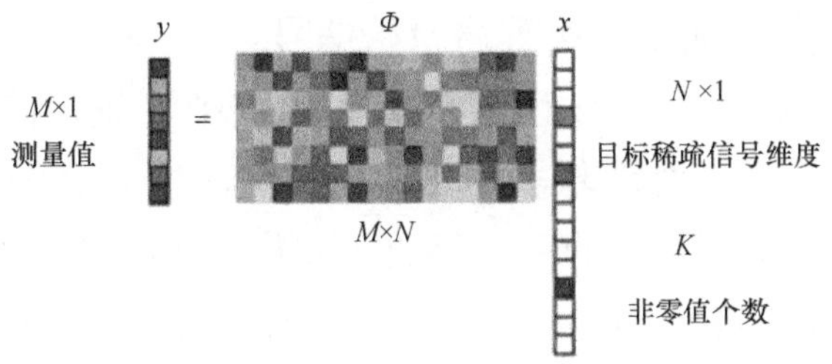

图 3.2 针对本身稀疏信号的压缩感知数学模型

从图 3.2 可以看出,讨论的目标信号 x 本身是稀疏的,即目标信号本身仅包含少数个非零元素。然而在现实世界中,很多目标信号本身并不是稀疏的,但往往会在某个正交变换域中或稀疏字典 Ψ 中表现出稀疏特性,例如,前面介绍的自然图像通常在小波域可以表现出稀疏性。为了增加压缩感知的普适性,如图 3.3(见文后彩图)所示,虽然目标信号 x 本身不是稀疏信号,但它在变换域 Ψ 中体现出稀疏性,即 $x=\Psi\alpha$,其中 α 中存在少数个非零元素,假设合并矩阵 Φ 与 Ψ,即 $\Theta=\Phi\Psi$,那么压缩感知的数学模型还是可以最终地表述为如图 3.2 所示的表达形式,因而这里将不失普适性地基于式(3.1)开展下面的讨论。

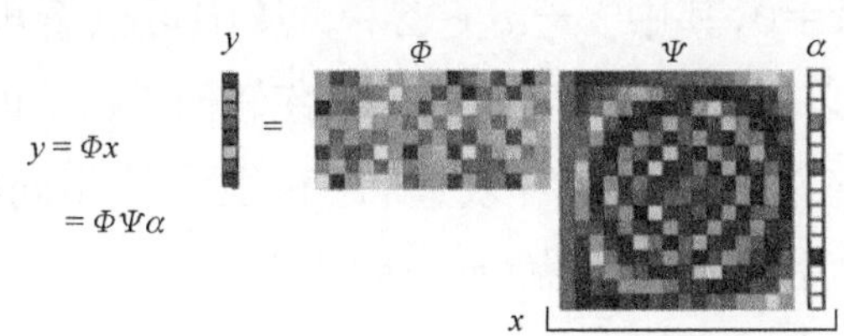

图 3.3 具有普适性的压缩感知数学模型

在标准压缩感知框架下,x 是一个有限长度、在时间维或空间维离散的矢量。在现实中,经常对设计一套针对时间连续的信号或图像的采样系统更感兴趣，所以这里可以简单地把 x 当作一个满足奈奎斯特采样率的有限长窗口。暂时忽略如何在没有满足奈奎斯特采样率而直接获取压缩测量值的问题。

在压缩感知理论体系中有两个非常重要的问题。第一个是如何设计矩阵 Φ 使得它在采样过程中保存信号 x 的有效信息；第二是如何基于测量信号 y 重建出目标信号 x。当信号是稀疏的或可压缩时，可以通过设计大小为 $M\times N$ 的测量矩阵 Φ 来对原始目标信号采样，其中 $M\ll N$，再通过一些实际优化算法重建原始信号。

这里将首先探讨如何设计压缩感知系统中测量矩阵 Φ。与直接给出一个设计测量矩阵所需步骤不同的是，在这里先介绍压缩感知理论体系中测量矩阵应该具有的一些特性，如零空间特性、约束等距性质和非相关特性，而后将举出几个用于构建出满足上述特性测量矩阵的例子。

3.2 零空间条件

研究在压缩感知框架中测量矩阵 Φ 应该具有的特性，将从它的零空间开始着手，矩阵 Φ 的零空间定义为

$$\mathcal{N}(\Phi)=\{z:\Phi z=0\} \tag{3.2}$$

对于任意稀疏信号 x，如果希望基于测量值 Φx 而无失真地重建出该稀疏信号 x，则任何一对不同的矢量对 x 和 $x'\in\Sigma_K=\{z:\|z\|_0\leqslant K\}$，一定有 $\Phi x\neq\Phi x'$，否则基于测量值 y，将无法区别出 x 和 x'。假设 $\Phi x=\Phi x'$，则 $\Phi(x-x')=0$，其中 $x-x'\in\Sigma_{2K}$。从中可以看出，矩阵 Φ 可以唯一表达 x 的充分必要条件是 $\mathcal{N}(\Phi)$ 不含有任何 Σ_{2K} 中的元素，即 $\mathcal{N}(\Phi)$ 与 Σ_{2K} 的交集是空集。除了这种表述，还有很多种相同的方式描述矩阵的这种特性，最常用的是斯巴克(spark)[1]。

3.2.1 斯巴克

斯巴克是结合英文单词稀疏(sparse)和秩(rank)而来的，与它的英文直译“火花”没有一点关系。

定义 3.1 一个矩阵的 spark 是指这个矩阵的列向量中最少线性相关列向量的个数，一个矩阵 Φ 的 spark 也可以表示为

$$\begin{aligned}\operatorname{spark}(\Phi) &= \min_{x\neq 0}\|x\|_0, \quad \text{s.t.} \quad \Phi x = 0 \\ &= \min\{K: \mathcal{N}(\Phi)\cap\Sigma_K \neq \{0\}\}\end{aligned} \tag{3.3}$$

其中 s.t. 是 subject to 的缩写。这里读者可能觉得不太好理解，我们举个例子来使得上面枯燥的定义具有亲和力。假设矩阵 $\Phi=\begin{bmatrix}1 & 0 & 1 & 1\\ 0 & 1 & 1 & -1\end{bmatrix}$，很明显该矩阵的任何 2 列都是线性独立的，然而如果 $x=[1\quad 1\quad -1\quad 0]^{\mathrm{T}}$ 时，有 $\Phi x=0$，所以根据$\min\limits_{x\neq 0}\|x\|_0$，我们得出此时 $\operatorname{spark}(\Phi)=3$。

根据式(3.3)描述的定义可以很自然地引申出下面的定理[1]。

定理 3.1 当且仅当 $\operatorname{spark}(\Phi)>2K$，对于任何矢量 $y\in\mathbb{R}^M$，至多存在一个信号 $x\in\Sigma_K$ 使得 $y=\Phi x$。

证明 现在采用反证法，假设 $\operatorname{spark}(\Phi)\leqslant 2K$ 时，对于任何矢量 $y\in\mathbb{R}^M$，至多存在一个信号 $x\in\Sigma_K$，使得 $y=\Phi x$。因为 $\operatorname{spark}(\Phi)\leqslant 2K$，这说明在矩阵 Φ 中至多存在 $2K$ 个线性相关的列向量，因而可以存在一个矢量 $h\in\mathcal{N}(\Phi)$，其中 h 是一个包含了 $2K$ 个不为零的向量，即 $h\in\Sigma_{2K}$。由于 $h\in\Sigma_{2K}$，可以把 h 表示为 $h=x-x'$，其中 x 和 $x'\in\Sigma_K=\{x:\|x\|_0\leqslant K\}$。同时因为 $h\in\mathcal{N}(\Phi)$，所以有 $\Phi h=\Phi(x-x')=0$，因而 $\Phi x=\Phi x'$。这明显与假设“至多存在一个信号 $x\in\Sigma_K$，使得 $y=\Phi x$”相矛盾。所以假设 $\operatorname{spark}(\Phi)\leqslant 2K$ 不成立。

现在假设 $\operatorname{spark}(\Phi)>2K$，针对个别测量值 y，同时存在 x 和 $x'\in\Sigma_K$，使得 $y=\Phi x=\Phi x'$，因而可以得出 $\Phi(x-x')=0$。令 $h=x-x'$，即 $\Phi h=0$ 且 $h\in\Sigma_{2K}$。由于 $\operatorname{spark}(\Phi)>2K$，表明任意 $2K$ 个列向量是线性独立的，所以必须有 $h=0$ 即 $x=x'$，否则 $h\notin\Sigma_{2K}$。证毕。

尽管表面看来，矩阵的 spark 和秩 rank 在某些方面有些类似，但它们本质上截然不同，rank 表明的是矩阵中最多线性独立列矢量的个数，而 spark 表示的是矩阵中最小线性相关组中列矢量的个数。

3.2.2 零空间特性

当所处理的信号是真正稀疏时，测量矩阵的 spark 特性足以完整描述在什么条件下才能重建原始稀疏信号，然而，当所处理的是近似稀疏

的信号[①]时，需要对测量矩阵 Φ 的零空间引入一些更为严格的条件。可以这么说，必须确保 $\mathcal{N}(\Phi)$ 中不应包含稀疏的矢量，也不应该包含可以压缩的近似稀疏的矢量。为了更好地表述这个条件，我们首先给出一些定义。假设 $\Lambda\subset\{1,2,\cdots,N\}$ 是一个索引集的子集，$\Lambda^c=\{1,2,\cdots,N\}\backslash\Lambda$ 是其相应的补集。就矢量 x_Λ 而言，它表示的是长度为 N 的矢量，并且这个矢量中所有下标属于集合 Λ^c 的元素都被设为 0。类似地，就矩阵而言，Φ_Λ 表示的是大小为 $M\times N$ 的矩阵，其所有列下标属于集合 Λ^c 的列向量被设为零向量。

定义 3.2　如果存在一个常数 $C>0$，使得下式对所有 $h\in\mathcal{N}(\Phi)$ 和所有 $|\Lambda|\leqslant K$ 的 Λ 都成立（$|\Lambda|$ 表示集合 Λ 中元素的个数）：

$$\|h_\Lambda\|_2\leqslant C\frac{\|h_{\Lambda^c}\|_1}{\sqrt{K}} \tag{3.4}$$

则称矩阵 Φ 满足 K 阶零空间特性（null space property，NSP）[2]。

零空间特性定量地描述了属于 Φ 的零空间的矢量应该是比较“平坦”的，不是近似稀疏的。由式(3.4)可以看出，如果 h 是近似稀疏的，则可以令 Λ 为最大的 K 个“非零”元素下标集合，这样将导致式(3.4)不成立。这是因为式(3.4)要求对所有 h 以及任意 Λ 都成立，而对选定的 Λ 未必使其他的 h 满足式(3.4)。K 阶 NSP 同样是为了确保采样矩阵不会出现歧义，也就是如果 $\Phi x=\Phi x'$，则必有 $x\approx x'$（如果原始信号 x 是近似稀疏的）或者 $x=x'$（如果原始信号是完全稀疏的[②]）。

为了完整地论述零空间特性在稀疏信号重建过程的作用，现在讨论一下在处理非完全稀疏信号 x 时，如何衡量基于信号稀疏性的重建算法的性能。这里用 $\Delta:\mathbb{R}^M\rightarrow\mathbb{R}^N$ 表示一种基于信号稀疏性重建算法即基于 M 个测量值重建出原始 N 个目标信号的算法，而且 $M\ll N$。对于所有 x，可以要求该重建算法确保下式成立：

$$\|\Delta(\Phi x)-x\|_2\leqslant C\frac{\sigma_K(x)_p}{\sqrt{K}},\quad p=1 \tag{3.5}$$

其中，$\sigma_K(x)_p=\min\|x-x'\|_p$，$x'\in\Sigma_K$ 表示通过重构算法 Δ 重建出有 K 个非零元素的近似解；$\sigma_K(x)_p$ 的含义十分明显，它表示去除 x 的 K 个

---

① 如前所述，近似稀疏信号含有少数几个明显非零元素，而其他元素则非常接近于零。

② 如果一个矢量 h 刚好有 K 个非零元素，则存在一个集合 Λ，使得 $\|h_{\Lambda^c}\|_1=0$。那么由 K 阶零空间特性，可以得出 $h_\Lambda=0$。因此如果一个矩阵 Φ 满足零空间特性，则唯一属于 $N(\Phi)$ 且稀疏性为 K 的矢量是 0。

幅值最大的元素后向量的 p 范数，即如果 Λ 表示 x 的 K 个最大元素的下标集合，则 $\sigma_K(x)_p=\|x_{\Lambda^c}\|_p$。

式(3.5)可以保证该重建算法能够正确重建出所有可能的、有 K 个非零元素的信号，同时也使得利用重建的稀疏信号近似逼近非稀疏信号具有一定的鲁棒特性。这一条件明显区别于其他的一些只适用于保证重建出稀疏或可压缩信号的条件，因为它适用于衡量任意信号的重建效果，因此称为具有普适性的重建条件。

关于式(3.5)中衡量误差大小的 ℓ_p 范数的选择，从某种程度上说可以是任意的。可以很容易地采用其他 ℓ_p 范数评价重建误差，然而对于 p 的选择将限定可以被重建的信号类型，同时也潜在地影响零空间特性NSP的表达形式(感兴趣的读者请参考文献[3])。同时式(3.5)右边的形式可能看起来有些与众不同，因为采用了 $\frac{\sigma_K(x)_1}{\sqrt{K}}$ 而不是简单的 $\sigma_K(x)_2$。在后面的章节中将看到，如果没有获取超过一定数量的测量值，在式(3.5)中使用 $\sigma_K(x)_2$ 是不可能成立的，而式(3.5)可能是我们所期望得到的最好的重建条件。

定理 3.2 矩阵 $\Phi:\mathbb{R}^N\to\mathbb{R}^M$ 是一个采样矩阵；$\Delta:\mathbb{R}^M\to\mathbb{R}^N$ 表示任意一种重构算法。如果 (Φ,Δ) 满足式(3.5)，则矩阵 Φ 满足 $2K$ 阶零空间特性[3]。

证明 设 $h\in\mathcal{N}(\Phi)$，Λ 是矢量 h 中 $2K$ 个最大元素的下标集合。这里把集合 Λ 分成两个集合 Λ_0 和 Λ_1，使得 $|\Lambda_0|=|\Lambda_1|=K$。令矢量 $x=h_{\Lambda_1}+h_{\Lambda^c}$，$x'=-h_{\Lambda_0}$，有 $h=x-x'$。同时由于 $h\in\mathcal{N}(\Phi)$，有

$$\Phi h=\Phi(x-x')=0 \tag{3.6}$$

所以 $\Phi x'=\Phi x$，即 $x'=\Delta(\Phi x)$。最后，可以得到

$$\|h_\Lambda\|_2\leqslant\|h\|_2=\|x-x'\|_2=\|x-\Delta(\Phi x)\|_2 \tag{3.7}$$

根据式(3.5)，已知 $\|x-\Delta(\Phi x)\|_2\leqslant C\frac{\sigma_K(x)_1}{\sqrt{K}}$，所以有

$$\|h_\Lambda\|_2\leqslant\|x-\Delta(\Phi x)\|_2\leqslant C\frac{\sigma_K(x)_1}{\sqrt{K}}=\sqrt{2}C\frac{\|h_{\Lambda^c}\|_1}{\sqrt{2K}} \tag{3.8}$$

其中，式(3.8)中最后一个等式的这种表达是因为 $|\Lambda|=2K$，所以根据零空间特性的定义，可以得出矩阵 Φ 满足 $2K$ 阶零空间特性。证毕。

3.3 约束等距性质

前面讲到零空间特性是确保重建的必要条件，但是推导这种确保重建的条件时并没有考虑噪声的影响。当测量值有噪声或在量化阶段引入误差时，讨论更为严格的重建条件就变得很有意义了，这也是把压缩感知推向实用阶段所必须要突破的难题。在文献[4]中，Candès 和 Tao 引入了下面的约束等距特性(restricted isometry property，RIP)，主要用来描述在现实环境中稀疏信号可重构的条件，它在整个压缩感知理论中起着举足轻重的作用。首先，给出矩阵 K 阶约束等距特性的定义。

定义 3.3 如果存在 $\delta_K \in (0,1)$，使得

$$(1-\delta_K)\|x\|_2^2 \leqslant \|\Phi x\|_2^2 \leqslant (1+\delta_K)\|x\|_2^2 \tag{3.9}$$

对所有 $x \in \Sigma_K \{x: \|x\|_0 \leqslant K\}$ 都成立，其中如果针对所有 K 阶稀疏矢量 x 均满足上式的最小常数 δ_K，则矩阵 Φ 满足 K 阶约束等距特性，δ_K 称为矩阵 Φ 的约束等距常数。

矩阵的 RIP 是针对两个参数 δ_K 和 K 而言的，如果说某一个矩阵满足 RIP，即对于特定的 δ_K 和 K，式(3.9)对任意 $x \in \Sigma_K$ 均成立。如果矩阵 Φ 满足 $2K$ 阶约束等距特性，则可以把式(3.9)解释为：任何一对 K 阶稀疏的矢量经过矩阵 Φ 的线性变换后，它们之间的欧几里得距离几乎保持不变，即测量矩阵近似地保持两个 K 阶稀疏矢量间的欧几里得距离，这一特性将对克服噪声起重要作用。同时也说明 K 阶稀疏的矢量没有在测量矩阵的零空间中，如果在它的零空间中，我们就无法重构信号了。约束等距性质的另一种等价表述是，随机地从测量矩阵中选取 $2K$ 列所形成的子集应该是“近似正交”的，这里说“近似正交”，是因为这个子集的行列长度不同，所以不可能是真正的正交。

RIP 是压缩感知中一个非常重要的特性，那么 RIP 到底与压缩感知有哪些关系呢？假设利用测量矩阵 Φ 获取一维 K 阶稀疏矢量 x 的线性测量值 y，当 $\delta_{2K}<1$ 时，就可以基于测量矢量 $y=\Phi x$ 重建出原始 K 阶稀疏矢量，这个重建出的 K 阶稀疏矢量是满足方程 $y=\Phi x$ 的唯一稀

疏解,即非零元素个数最少。证明如下:假如存在另一个解 $x'=x+h$,$h\neq 0$,那么 $\Phi h=0$,又因为 $h\neq 0$,$\|h\|_2\neq 0$,所以约束等距特性定义中的不等式 $\|\Phi h\|_2\geqslant(1-\delta_{2K})\|h\|_2$ 不再成立,所以 $h\notin\Sigma_{2K}$,则说明 h 一定至少有 $2K+1$ 个非零元素,所以 x' 一定至少有 $K+1$ 个非零元素,即重建出的 x 是唯一有 K 个非零元素的稀疏解。进一步地,如果假设当 $\delta_{2K}=1$ 时,测量矩阵中的 $2K$ 列子集可能是线性相关的,也就是说存在矢量 $h\in\Sigma_{2K}$,使得 $\Phi h=0$。同样可以把矢量 h 分解为两个 K 阶稀疏的矢量 x 和 x',即 $h=x-x'$,进而有 $\Phi x=\Phi x'$,这说明存在两个不同的 K 阶稀疏矢量可以得到同样的测量值,显然无法基于测量值重建出唯一的 K 阶稀疏矢量。所以如果希望重建出独一无二的 K 阶稀疏矢量,必须要确保 $\delta_{2K}<1$,同样约束等距常数 δ_{2K} 不可能为 0,这是因为如果 $\delta_{2K}=0$,则说明测量矩阵 Φ 是标准正交矩阵,这显然不可能,因为测量矩阵的列数远大于行数。

值得注意的是,目前只是给出了约束等距特性的定义,从这个定义可以看出,为了方便表示,把这个特性的边界条件看成关于 1 对称,然而在实际中,同样可以采用任意的边界,例如

$$\alpha\|x\|_2^2\leqslant\|\Phi x\|_2^2\leqslant\beta\|x\|_2^2 \tag{3.10}$$

其中,$0<\alpha\leqslant\beta<\infty$。针对任意边界,总可以按比例调整矩阵 Φ,使得它的边界如式(3.9)所示关于 1 对称,即对矩阵 Φ 乘以 $\sqrt{2/(\alpha+\beta)}$ 使得 $\widetilde{\Phi}=\Phi\sqrt{2/(\alpha+\beta)}$ 满足式(3.9),此时常数 $\delta_K=(\beta-\alpha)/(\alpha+\beta)$。本书中,如果说矩阵 Φ 满足 RIP,实际上是指只要存在一个按比例调整后的矩阵 $\widetilde{\Phi}$ 满足 RIP 即可。

只要矩阵 Φ 满足 K 阶约束等距特性,即存在常数 δ_K,使得式(3.9)成立,则对任何 $K'<K$,都有矩阵 Φ 满足 K' 阶约束等距特性,此时 $\delta_{K'}<\delta_K$。

3.3.1 约束等距特性和稳定性

将在本书的后续部分看到,如果矩阵 Φ 满足约束等距特性,则采用将在本书后面第 5 章介绍的重建算法,甚至能够在有噪声的情况下成功地重建出稀疏信号。然而这里需要认真考虑这样一个问题:这个约束等距特性在成功重建待观测稀疏信号时是否真的那么必要?很明

显，在基于较少个测量值 Φx 来重建稀疏信号 x 的框架下，类似于零空间特性的必要性，约束等距特性的下边界同样是必要条件。为了更好地阐述 RIP 的必要性，需要在这里引出下面关于稳定性[5]的概念。

定义 3.4 矩阵 $\Phi:\mathbb{R}^N\to\mathbb{R}^M$ 是一个采样矩阵；$\Delta:\mathbb{R}^M\to\mathbb{R}^N$ 表示一种重建算法。如果对于任何矢量 $x\in\Sigma_K$，$e\in\mathbb{R}^M$，有

$$\|\Delta(\Phi x+e)-x\|_2\leqslant C\|e\|_2 \tag{3.11}$$

均成立，则称这个测量矩阵 Φ 和重建算法 Δ 是"C 稳定"的。

定义 3.4 说明，如果测量值中存在一定量的噪声，满足"C 稳定"的 Φ 和 Δ 应该具备一定的鲁棒性，即噪声对重建结果的影响不是任意大的，而是可以通过一个常数 C 约束在一定范围之内的。

定理 3.3 如果测量和重建 (Φ,Δ) 对是"C 稳定"[5]的，则对于所有 $h\in\Sigma_{2K}$，均有

$$\frac{1}{C}\|h\|_2\leqslant\|\Phi h\|_2 \tag{3.12}$$

证明 任意选择矢量 $x,z\in\Sigma_K$，假设

$$e_x=\frac{\Phi(z-x)}{2},\quad e_z=\frac{\Phi(x-z)}{2} \tag{3.13}$$

通过简单的代数运算，有

$$\Phi x+e_x=\Phi z+e_z=\frac{\Phi(x+z)}{2} \tag{3.14}$$

设 $\hat{x}=\Delta(\Phi x+e_x)=\Delta(\Phi z+e_z)$，根据三角不等式和"$C$ 稳定"的定义，有

$$\begin{aligned}\|x-z\|_2&=\|x-\hat{x}+\hat{x}-z\|_2\leqslant\|x-\hat{x}\|_2+\|\hat{x}-z\|_2\leqslant C\|e_x\|_2+C\|e_z\|_2\\&=C\|\Phi x-\Phi z\|_2=C\|\Phi(x-z)\|_2\end{aligned} \tag{3.15}$$

由于式(3.15)对任何矢量 $x,z\in\Sigma_K$ 均成立，且 $h=x-z\in\Sigma_{2K}$，所以定理 3.3 成立。证毕。

定理 3.3 说明能从含噪声的测量值中稳定重建原始信号的算法，其前提条件是矩阵 Φ 需要满足 RIP，并且从 C 稳定的定义式(3.11)可以看出，如果希望重建算法具备更好的鲁棒性，则 C 越小越好，也就是重建出的信号受噪声的影响很小。但是由于受限于测量矩阵 Φ 的 RIP 特性，C 又不能太小，基于式(3.9)和式(3.12)，当常数 $C\to1$ 时，矩阵 Φ

必须满足下限$\delta_K=1-1/C^2\to 0$,因而,如果希望减少噪声对重建信号的影响,必须调整矩阵Φ使得它满足RIP的定义式(3.9)中更大的下限,从而使得C更小,以获得更好的鲁棒性。

读者可能会有些疑虑,既然式(3.9)的上限不是必需的,可否按比例重新调整矩阵Φ,使得矩阵满足RIP,$\delta_{2K}<1$,即按比例γ重新调整后的矩阵$\gamma\Phi$将满足式(3.12)。从理论上来说,噪声与选择的测量矩阵是独立的,通过按比例调整矩阵Φ,只是简单地调整了测量信号的增益,如果只是提高信号增益而没有影响噪声,那么可以任意提高信噪比,以至于最后噪声可以忽略不计。然而在现实中,一方面一般不能调整矩阵Φ到任意大;另一方面,噪声并没有与测量矩阵Φ完全独立。例如,假设噪声矢量e表示由有限的量化范围B比特所带来的量化噪声,测量范围处于$[-T,T]$,可以通过调整量化器来匹配这个范围。如果重新调整矩阵Φ为$\gamma\Phi$,则测量值将在$[-\gamma T,\gamma T]$之内,因而必须要同比例调整量化器。在这种情况下,量化误差则变为γe,所以调整矩阵Φ并没有提高信噪比,即没有抑制噪声。

3.3.2 测量边界

现在就需要考虑当采样/测量矩阵满足RIP时,到底多少个测量值才能无失真地完成对目标稀疏信号的采样。如果忽略δ_{2K}的影响,而只是关注采样/测量过程的维数问题(N,M,K),那么希望建立一个关于采样个数的简单下边界[5]。

定理3.4 假设大小为$M\times N$的测量矩阵Φ满足$2K$阶约束等距特性,其中$\delta_{2K}\in(0,1/2]$,当测量值的个数满足

$$M\geqslant C\cdot K\cdot \ln(N/K) \tag{3.16}$$

时,可以无失真地重建出稀疏目标信号,其中$C=1/2\ln(\sqrt{24}+1)\approx 0.28$。

为了证明定理3.4,首先需要如下引理。

引理3.1 假设已知K和N满足$K<N/2$,存在一个矢量集合$X\subset\Sigma_K$,使得对于任意$x\in X$,有$\|x\|_2\leqslant\sqrt{K}$,且对任何$x,z\in X,x\neq z$,有

$$\|x-z\|_2\geqslant\sqrt{K/2} \tag{3.17}$$

而且

$$\ln|X| \geqslant \frac{K}{2}\ln(N/K) \tag{3.18}$$

证明 这是一个集合存在性的证明，所以只需要找出满足条件的集合即可。首先构建集合

$$\mathcal{U} = \{x \in \{0, +1, -1\}^N : \|x\|_0 = K\} \tag{3.19}$$

$\{0, +1, -1\}^N$ 表示一个长度为 N 的向量集合，每一个向量中的元素都在集合$\{0, +1, -1\}$中取值。基于上面这个集合，对于任意 $x \in \mathcal{U}$，都有 $\|x\|_2^2 = K$，因而如果从集合 $\mathcal{U}$ 中挑选元素来构建 X，则可以确保 $\|x\|_2 \leqslant \sqrt{K}$。

可以观察到集合 $\mathcal{U}$ 中的矢量个数为 $|\mathcal{U}| = \binom{N}{K} 2^K$，同时如果 x 和 z 都属于集合 $\mathcal{U}$，则有 $\|x-z\|_0 \leqslant \|x-z\|_2^2$；如果 $\|x-z\|_2^2 \leqslant K/2$，则 $\|x-z\|_0 \leqslant \|x-z\|_2^2 \leqslant K/2$。由此，针对任意一个矢量 $x \in \mathcal{U}$，可以得到

$$|\{z \in \mathcal{U} : \|x-z\|_2^2 \leqslant K/2\}| \leqslant |\{z \in \mathcal{U} : \|x-z\|_0 \leqslant K/2\}| \leqslant \binom{N}{K/2} 3^{K/2} \tag{3.20}$$

令 $\beta_x = \{z \in \mathcal{U} : \|x-z\|_0 \leqslant K/2\}$，且 $x \in \beta_x$。假设我们通过循环选择一些 $\mathcal{U}$ 中的满足式(3.17)的点来构建集合 X，也就是选取一个 x 放至 X 中，再选取 z 放入 β_x。从 $\mathcal{U}$ 中抽取出 j 个点放至 X 中，以及 $j\binom{N}{K/2} 3^{K/2}$ 个点放入 β(其中 β 是所有 β_x 的并集)后，$\mathcal{U}$ 中剩下的元素至少还有

$$\binom{N}{K} 2^K - j\binom{N}{K/2} 3^{K/2} \tag{3.21}$$

这里考虑的是最糟糕的情况，也就是每一个抽出的 x 都有一个完全与其他的 x 不相交的 β_x。因而可以构建一个大小为 $|X|$ 的集合只要满足式(3.22)即可。

$$|X|\binom{N}{K/2} 3^{K/2} \leqslant \binom{N}{K} 2^K \tag{3.22}$$

所以接下来需要证明 $|X|\left(\frac{3}{4}\right)^{K/2} \leqslant \frac{\binom{N}{K}}{\binom{N}{K/2}}$。

可以得出

$$\frac{\binom{N}{K}}{\binom{N}{K/2}}=\frac{\left(\frac{K}{2}\right)!(N-K/2)!}{K!(N-K)!}=\prod_{i=1}^{K/2}\frac{N-K+i}{\frac{K}{2}+i}\geqslant\left(\frac{N}{K}-\frac{1}{2}\right)^{K/2} \tag{3.23}$$

这是因为$(N-K+i)/\left(\frac{K}{2}+i\right)$作为 i 的函数是递减的，将 $i=\frac{K}{2}$代入$(N-K+i)/\left(\frac{K}{2}+i\right)$，所以有式(3.23)。如果设$|X|=\left(\frac{N}{K}\right)^{K/2}$，则有

$$|X|\left(\frac{3}{4}\right)^{K/2}=\left(\frac{3N}{4K}\right)^{K/2}=\left(\frac{N}{K}-\frac{N}{4K}\right)^{K/2}\leqslant\left(\frac{N}{K}-\frac{1}{2}\right)^{K/2}\leqslant\frac{\binom{N}{K}}{\binom{N}{K/2}} \tag{3.24}$$

所以当$|X|=\left(\frac{N}{K}\right)^{K/2}$时，式(3.22)成立，从而引理 3.1 成立。

基于引理 3.1，在满足 RIP 的前提下，就可以构建所需测量值个数的边界，定理 3.4 的证明如下。

因为矩阵 Φ 满足 $2K$ 阶约束等距特性，所以对所有属于引理 3.1 中集合 X 的 x 以及 z，有

$$\|\Phi x-\Phi z\|_2\geqslant\sqrt{1-\delta_{2K}}\,\|x-z\|_2\geqslant\sqrt{K/4} \tag{3.25}$$

这是因为 $x-z\in\Sigma_{2K}$并且$\delta_{2K}\leqslant1/2$。类似地，可以得出

$$\|\Phi x\|_2\leqslant\sqrt{1+\delta_{2K}}\,\|x\|_2\leqslant\sqrt{3K/2} \tag{3.26}$$

从下边界可以得出，对于任何属于集合 X 的 x 与 z，如果分别以 Φx 和 Φz 为中心构建两个半径为$\frac{\sqrt{K/4}}{2}=\sqrt{K/16}$的球体，则这两个球将不会有交集。同样地，由上边界可以得出，所有这些球都被一个半径为$\sqrt{3K/2}+\sqrt{K/16}$的更大的球所包含。所以这个半径为$\sqrt{3K/2}+\sqrt{K/16}$的大球的体积一定比所有小球的体积和要大，如果设$B^M(r)=$

$\{x\in\mathbb{R}^M:\|x\|_2\leqslant r\}$，则

$$\begin{aligned}\mathrm{Vol}(B^M(\sqrt{3K/2}+\sqrt{K/16}))&\geqslant|X|\cdot\mathrm{Vol}(B^M(\sqrt{K/16}))\\(\sqrt{3K/2}+\sqrt{K/16})^M&\geqslant|X|\cdot(\sqrt{K/16})^M\\(\sqrt{24}+1)^M&\geqslant|X|\\M&\geqslant\frac{\ln(|X|)}{\ln(\sqrt{24}+1)}\end{aligned}\tag{3.27}$$

基于引理 3.1 中 $\ln|X|\geqslant\frac{K}{2}\ln\left(\frac{N}{K}\right)$，把 $\ln|X|$ 的边界代入式(3.27)，即

$$M\geqslant\frac{K\ln\left(\frac{N}{K}\right)}{2\ln(\sqrt{24}+1)}=CK\cdot\ln\left(\frac{N}{K}\right)$$

其中，$C=1/2\ln(\sqrt{24}+1)\approx0.28$。证毕。

需要指出的是，这里限定 $\delta_{2K}\leqslant1/2$ 不是必需的，只是为了证明的方便，这里并没有尝试优化约束等距常数 δ。

这里采用的是间接的证明方式，文献[6]通过检测 ℓ_1 球的 Gelfand width 同样可以给出类似的结果。然而，无论文献[4]中的结果还是定理 3.4 都没有精确阐述测量个数 M 和约束等距常数 δ 之间的关系。文献[2]利用近期的研究结果 Johnson-Lindenstrauss 引理定量地描述了这种关联性，其中 Johnson-Lindenstrauss 引理与约束等距特性关系紧密，感兴趣的读者可以参考文献[2]。在 3.5 节将介绍，任何一个可以对给定数据集生成线性、保距的映射方法都可以用来构建一个满足约束等距特性的矩阵。

3.4 约束等距特性和零空间特性

接下来将讨论约束等距特性和零空间特性的关系。将可以看到，如果一个矩阵满足约束等距特性，则它一定满足零空间特性，所以可以说，约束等距特性比零空间特性更严格。

定理 3.5 假设一个矩阵 Φ 满足 $\delta_{2K}<\sqrt{2}-1$ 时的 $2K$ 阶约束等距

特性，则矩阵 Φ 满足常数 $C=\frac{\sqrt{2}\delta_{2K}}{1-(1+\sqrt{2})\delta_{2K}}$ 时的 $2K$ 阶零空间特性。

要证明这个定理，先要证明如下几个引理。

引理 3.2 假设 $x\in\Sigma_K$，则

$$\frac{\|x\|_1}{\sqrt{K}}\leqslant\|x\|_2\leqslant\sqrt{K}\|x\|_\infty \tag{3.28}$$

证明 对于任何 x，$\|x\|_1=|\langle x,\mathrm{sgn}(x)\rangle|$。基于 Cauchy-Schwarz 不等式，有 $\|x\|_1\leqslant\|x\|_2\ \|\mathrm{sgn}(x)\|_2$。由于 $\mathrm{sgn}(x)$ 包括 K 个 ±1，所以 $\|\mathrm{sgn}(x)\|_2=\sqrt{K}$。下限证毕。

上限更是显而易见，由于 $\|x\|_\infty=\max\{|x|\}$，矢量 x 中的 K 个非零的元素均小于 $\|x\|_\infty$，所以上限亦成立。证毕。

引理 3.3 假设矢量 u 和 v 正交，则

$$\|u\|_2+\|v\|_2\leqslant\sqrt{2}\|u+v\|_2 \tag{3.29}$$

证明 定义一个大小为 2×1 的矢量 $w=[\|u\|_2\quad\|v\|_2]^{\mathrm{T}}$。基于引理 3.2，有

$$\|w\|_1\leqslant\sqrt{K}\|w\|_2$$

由于此时 $K=2$，所以 $\|w\|_1\leqslant\sqrt{2}\|w\|_2$，即

$$\|u\|_2+\|v\|_2\leqslant\sqrt{2}\sqrt{\|u\|_2^2+\|v\|_2^2}$$

由于矢量 u 和 v 正交，所以 $\|u\|_2^2+\|v\|_2^2=\|u+v\|_2^2$。证毕。

引理 3.4 假设矩阵 Φ 满足 $2K$ 阶约束等距特性，对于任何属于集合 Σ_K 且二者的支撑集的交集为空，即 $\mathrm{supp}(u)\cap\mathrm{supp}(v)=\varnothing$，有

$$|\langle\Phi u,\Phi v\rangle|\leqslant\delta_{2K}\|u\|_2\ \|v\|_2 \tag{3.30}$$

证明 首先假设矢量 $u,v\in\Sigma_K$，二者支撑集没有交集，并且 $\|u\|_2=\|v\|_2=1$，则 $u\pm v\in\Sigma_{2K}$，同时 $\|u\pm v\|_2^2=2$。基于约束等距特性，有

$$2(1-\delta_{2K})\leqslant\|\Phi u\pm\Phi v\|_2^2\leqslant2(1+\delta_{2K}) \tag{3.31}$$

基于平行四边形恒等式有

$$|\langle\Phi u,\Phi v\rangle|=\frac{1}{4}\left|\|\Phi u+\Phi v\|_2^2-\|\Phi u-\Phi v\|_2^2\right|\leqslant\delta_{2K} \tag{3.32}$$

这是因为$\frac{1}{4}\|\Phi u+\Phi v\|_2^2\leqslant\frac{1}{2}(1+\delta_{2K})$，而$\frac{1}{4}\|\Phi u-\Phi v\|_2^2\geqslant\frac{1}{2}(1-\delta_{2K})$，即$-\frac{1}{4}\|\Phi u-\Phi v\|_2^2\leqslant\frac{1}{2}(\delta_{2K}-1)$，所以有$|\langle\Phi u,\Phi v\rangle|\leqslant\delta_{2K}$。证毕。

引理 3.5 假设$\Lambda_0\subset\{1,2,\cdots,N\}$是一个任意索引集，且$|\Lambda_0|\leqslant K$，对于任何矢量$h\in\mathbb{R}^N$，定义$\Lambda_1$是矢量$h_{\Lambda_0^c}$中一组$K$个幅值最大的元素的下标集合，$\Lambda_2$是下一组$K$个幅值最大的元素的下标集合，$\Lambda_j$是接下来第$j$组$K$个幅值最大的元素的下标集合，则有

$$\sum_{j\geqslant 2}\|h_{\Lambda_j}\|_2\leqslant\frac{\|h_{\Lambda_0^c}\|_1}{\sqrt{K}}\tag{3.33}$$

证明 当$j\geqslant 2$时，根据Λ_j的定义，可以得出

$$\|h_{\Lambda_j}\|_\infty\leqslant\frac{\|h_{\Lambda_{j-1}}\|_1}{K}\tag{3.34}$$

同时基于引理 3.2，有

$$\sum_{j\geqslant 2}\|h_{\Lambda_j}\|_2\leqslant\sqrt{K}\sum_{j\geqslant 2}\|h_{\Lambda_j}\|_\infty\leqslant\frac{1}{\sqrt{K}}\sum_{j\geqslant 1}\|h_{\Lambda_j}\|_1=\frac{\|h_{\Lambda_0^c}\|_1}{\sqrt{K}}\tag{3.35}$$

证毕。

引理 3.6[7] 假设大小为$M\times N$的测量矩阵Φ满足$2K$阶约束等距特性，已知$h\in\mathbb{R}^N$，假设$\Lambda_0\subset\{1,2,\cdots,N\}$是一个任意子集的下标，$|\Lambda_0|\leqslant K$，$\Lambda_1$是矢量$h_{\Lambda_0^c}$中一组$K$个幅值最大的元素的下标集合。令$\Lambda=\Lambda_0\cup\Lambda_1$，则有

$$\|h_\Lambda\|_2\leqslant\alpha\frac{\|h_{\Lambda_0^c}\|_1}{\sqrt{K}}+\beta\frac{|\langle\Phi h_\Lambda,\Phi h\rangle|}{\|h_\Lambda\|_2}\tag{3.36}$$

其中，$\alpha=\frac{\sqrt{2}\delta_{2K}}{1-\delta_{2K}}$，$\beta=\frac{1}{1-\delta_{2K}}$。

证明 因为$h_\Lambda\in\Sigma_{2K}$，基于 RIP 的下限，有

$$(1-\delta_{2K})\|h_\Lambda\|_2^2\leqslant\|\Phi h_\Lambda\|_2^2\tag{3.37}$$

其中，Λ_j如引理 3.5 中定义的一样，则由于$\Phi h_\Lambda=\Phi h-\sum_{j\geqslant 2}\Phi h_{\Lambda_j}$，所以

有

$$(1-\delta_{2K})\|h_{\Lambda}\|_2^2 \leqslant \left|\langle \Phi h_{\Lambda},\Phi h\rangle - \left\langle \Phi h_{\Lambda},\sum_{j\geqslant 2}\Phi h_{\Lambda_j}\right\rangle\right| \tag{3.38}$$

现在考虑$\left\langle \Phi h_{\Lambda},\sum_{j\geqslant 2}\Phi h_{\Lambda_j}\right\rangle$的上界。基于引理 3.4，对于任何 i 和 j 有

$$|\langle \Phi h_{\Lambda_i},\Phi h_{\Lambda_j}\rangle| \leqslant \delta_{2K}\|h_{\Lambda_i}\|_2\|h_{\Lambda_j}\|_2 \tag{3.39}$$

基于引理 3.3，有$\|h_{\Lambda_0}\|_2+\|h_{\Lambda_1}\|_2\leqslant\sqrt{2}\|h_{\Lambda}\|_2$。又有

$$\begin{aligned}\left|\left\langle \Phi h_{\Lambda},\sum_{j\geqslant 2}\Phi h_{\Lambda_j}\right\rangle\right| &= \left|\sum_{j\geqslant 2}\langle \Phi h_{\Lambda_0},\Phi h_{\Lambda_j}\rangle + \sum_{j\geqslant 2}\langle \Phi h_{\Lambda_1},\Phi h_{\Lambda_j}\rangle\right| \\ &\leqslant \sum_{j\geqslant 2}|\langle \Phi h_{\Lambda_0},\Phi h_{\Lambda_j}\rangle| + \sum_{j\geqslant 2}|\langle \Phi h_{\Lambda_1},\Phi h_{\Lambda_j}\rangle| \\ &\leqslant \delta_{2K}\|h_{\Lambda_0}\|_2\sum_{j\geqslant 2}\|h_{\Lambda_j}\|_2 + \delta_{2K}\|h_{\Lambda_1}\|_2\sum_{j\geqslant 2}\|h_{\Lambda_j}\|_2 \\ &\leqslant \sqrt{2}\delta_{2K}\|h_{\Lambda}\|_2\sum_{j\geqslant 2}\|h_{\Lambda_j}\|_2\end{aligned} \tag{3.40}$$

基于引理 3.5，式(3.40)可以简化为

$$\left|\left\langle \Phi h_{\Lambda},\sum_{j\geqslant 2}\Phi h_{\Lambda_j}\right\rangle\right| \leqslant \sqrt{2}\delta_{2K}\|h_{\Lambda}\|_2\frac{\|h_{\Lambda_0^c}\|_1}{\sqrt{K}} \tag{3.41}$$

结合式(3.41)和式(3.38)的结果有

$$\begin{aligned}(1-\delta_{2K})\|h_{\Lambda}\|_2^2 &\leqslant \left|\langle \Phi h_{\Lambda},\Phi h\rangle - \left\langle \Phi h_{\Lambda},\sum_{j\geqslant 2}\Phi h_{\Lambda_j}\right\rangle\right| \\ &\leqslant |\langle \Phi h_{\Lambda},\Phi h\rangle| + \left|\Phi h_{\Lambda},\sum_{j\geqslant 2}\Phi h_{\Lambda_j}\right| \\ &\leqslant |\langle \Phi h_{\Lambda},\Phi h\rangle| + \sqrt{2}\delta_{2K}\|h_{\Lambda}\|_2\frac{\|h_{\Lambda_0^c}\|_1}{\sqrt{K}}\end{aligned} \tag{3.42}$$

可见式(3.42)是式(3.36)的变形。证毕。

有了上面这些引理，再回过头来证明定理 3.5。

证明 事实上，为了证明定理 3.5，只需要证明对于任意 $h\in\mathcal{N}(\Phi)$，有$\|h_{\Lambda}\|_2\leqslant C\dfrac{\|h_{\Lambda^c}\|_1}{\sqrt{K}}$，其中 Λ 是矢量 h 中 $2K$ 个幅值最大元素下标的集合。为达到这个目的，只需在 $h\in\mathcal{N}(\Phi)$ 时应用引理 3.6 即可。注意到由于 $\Phi h=0$，引理 3.6 中的第二项消失，所以有$\|h_{\Lambda}\|_2\leqslant\alpha\dfrac{\|h_{\Lambda_0^c}\|_1}{\sqrt{K}}$。

再基于引理 3.2，有

$$\|h_{\Lambda_0^c}\|_1=\|h_{\Lambda_1}\|_1+\|h_{\Lambda^c}\|_1\leqslant\sqrt{K}\|h_{\Lambda_1}\|_2+\|h_{\Lambda^c}\|_1$$

进而

$$\|h_{\Lambda}\|_2\leqslant\alpha\left(\|h_{\Lambda_1}\|_2+\frac{\|h_{\Lambda^c}\|_1}{\sqrt{K}}\right) \tag{3.43}$$

又因为$\|h_{\Lambda_1}\|_2\leqslant\|h_{\Lambda}\|_2$，有

$$(1-\alpha)\|h_{\Lambda}\|_2\leqslant\alpha\frac{\|h_{\Lambda^c}\|_1}{\sqrt{K}} \tag{3.44}$$

由假设条件 $\delta_{2K}<\sqrt{2}-1$，使得 $\alpha<1$，因而可以在式(3.44)两边同时除以"$1-\alpha$"而保持不等式符号方向不变，因此得到

$$\|h_{\Lambda}\|_2\leqslant C\frac{\|h_{\Lambda^c}\|_1}{\sqrt{K}} \tag{3.45}$$

其中，$C=\dfrac{\alpha}{1-\alpha}$。由引理 3.6 中 $\alpha=\dfrac{\sqrt{2}\delta_{2K}}{1-\delta_{2K}}$可以得出 $C=\dfrac{\sqrt{2}\delta_{2K}}{1-(1+\sqrt{2})\delta_{2K}}$。证毕。

从本质来说，定理 3.5 还可以表述为

$$\|x^*-x\|_2\leqslant\text{Const}\frac{\|x-x_K\|_1}{\sqrt{K}} \tag{3.46}$$

当采样矩阵满足 $2K$ 阶 RIP 且 $\delta_{2K}<\sqrt{2}-1$ 时，采用 ℓ_1 范数最小化方法重建的结果 x^* 能够确保这种重建带来的误差可以很好地通过原始信号与 K 个幅值最大的非零矢量 x_K 的误差来限定。这一特性使得压缩感知不必局限于纯稀疏的信号，可以广泛地适用于近似稀疏信号，即目标信号只有较少个幅值较大的元素，绝大多数信号幅值等于 0 或接近 0。其实自然图像经小波变换后的系数正是这种信号。上述定理告诉我们，当采样矩阵满足 $2K$ 阶 RIP 和 $\delta_{2K}<\sqrt{2}-1$ 时，采用 ℓ_1 范数最小化可以很好地估计原始信号。

RIP 具有完美的形式和丰富的内涵，它指出了所求解的精度和解的稀疏度取决于测量矩阵或约束等距常数。遗憾的是，无法通过计算的方式来判断某个测量矩阵是否满足 RIP，判断一个矩阵是否满足 K

阶 RIP 是一个组合问题,即 NP(non-deterministic polynomial)难题,这是因为根据 RIP 的定义,需要对所有可能的 K 个列向量的组合即 $\binom{N}{K}$ 计算它的等距常数,很显然这是不现实的。

3.5　满足约束等距特性的矩阵

现在将讨论如何构建满足 RIP 的测量矩阵。固定地构建满足 K 阶 RIP 且大小为 $M\times N$ 的测量矩阵 Φ 是可行的,但往往要求参数 M 相对较大[8,9]。例如,在文献[8]中,构建这样一个测量矩阵需要 $M=O(K^2\ln N)$。很明显,在具体的应用中,构建这样一个超多行的测量矩阵往往是不现实的。

在构建矩阵过程中通过引入随机性,可以降低对超大测量个数 M 的要求。可以采用下列的方式构建大小为 $M\times N$ 的测量矩阵,即根据某一概率分布随机选取元素 ϕ_{ij}。如果所需要的只是 $\delta_{2K}>0$,则可以设定 $M=2K$,同时基于高斯分布构建一个测量矩阵 Φ,可以明确的是,该测量矩阵 Φ 中任何 $2K$ 列的子集都将以百分之百的概率线性独立,因而所有的 $2K$ 列子集都将被 RIP 的下限 $1-\delta_{2K}$ 所限定(其中 $\delta_{2K}>0$)。然而如果希望确定约束等距常数 δ_{2K},则必须要考虑到所有 $\mathbb{R}^N$ 中可能的 K 维子空间的情况,即这是一个组合问题 $\binom{N}{K}$。从计算的角度来说,不可能对任何 N 和 K 都采用计算的方式来确定约束等距常数 δ_{2K},所以其实我们更关注针对某一个特定的约束等距常数 δ_{2K},构建一个满足 $2K$ 阶 RIP 的测量矩阵。这类研究首先由文献[10]引入,而后该方法被推广到更多类的随机矩阵中[11]。

为了确保测量矩阵满足 RIP,这里引入两个针对随机分布的限定条件。首先要求从这个随机分布中抽样所产生的测量矩阵具备范数保持特性,这就要求

$$E(\phi_{ij}^2)=\frac{1}{M} \tag{3.47}$$

即测量矩阵中每个元素服从方差为$\frac{1}{M}$的分布，其中 $E(X)$表示随机变量 X 的期望。其次要求该分布是亚高斯分布[2]，即存在一个常数 $c>0$，使得对任意 $t\in$ 满足

$$E(\mathrm{e}^{\phi_{ij}t})\leqslant \mathrm{e}^{c^2t^2/2} \tag{3.48}$$

这就说明该分布的矩母函数（moment generation function，MGF）是由高斯分布的 MGF 主导的，即要求该分布的尾部（tails）下降速度至少要和高斯分布时的一样快。服从亚高斯分布的例子包括高斯分布、以$\pm 1/\sqrt{M}$为值的伯努利分布等，有关亚高斯随机变量分布的描述请参考文献[2]。这里需要假设测量矩阵 Φ 中的所有元素严格服从亚高斯分布，即在式(3.48)中 $c^2=E(\phi_{ij}^2)=1/M$。对于一般的亚高斯分布，类似的结果同样成立，但是为了简化其中的常数，这里只关注服从严格亚高斯分布所产生的测量矩阵 Φ。正是在这样的前提下，文献[2]得到了下面的有用结果。

推论 3.1 假设测量矩阵 Φ 大小为 $M\times N$，其中的元素 ϕ_{ij} 服从独立同分布（independent and identically distributed，IID）参数为 $c^2=1/M$ 的严格亚高斯分布。令 $y=\Phi x$，其中 $x\in\mathbb{R}^N$，则对任何 $\varepsilon>0$，有

$$E(\|y\|_2^2)=\|x\|_2^2 \tag{3.49}$$

和

$$P(|\|y\|_2^2-\|x\|_2^2|\geqslant\varepsilon\|x\|_2^2)\leqslant 2\exp\left(-\frac{M\varepsilon^2}{k^*}\right) \tag{3.50}$$

其中，$k^*=\frac{2}{1-\ln 2}\approx 6.52$，$P$ 表示概率。

推论 3.1 说明由亚高斯随机分布产生的测量矩阵所测得的矢量的范数高度集中于原始信号的均值。正是基于这个结果，文献[2]给出了服从亚高斯分布的矩阵满足 RIP 的证明。

定理 3.6 令 $\delta_K\in(0,1)$，测量矩阵 Φ 大小为 $M\times N$，其中的元素 ϕ_{ij} 服从独立同分布的参数为 $c^2=1/M$ 的严格亚高斯分布。如果

$$M\geqslant k_1K\cdot\ln\left(\frac{N}{K}\right) \tag{3.51}$$

则测量矩阵 Φ 以超过 $1-2\mathrm{e}^{-k_2M}$的概率满足参数为 δ_K 的 K 阶 RIP 时，

其中 k_1 是任意大小的，而 $k_2=\frac{\delta_K^2}{2k^*}-\ln\left(\frac{42\mathrm{e}}{\delta_K}\right)/k_1$。

在 3.3 节的基础上（参考定理 3.4），由式(3.51)可以看出如此产生的测量矩阵可以实现利用最少采样个数来完成采样的目的。

利用随机矩阵构建测量矩阵 Φ 有许多优势。为了说明这些优势，需要集中精力在 RIP 上。首先，利用随机的方法构建测量矩阵是非常公平的一种采样方式。由文献[10]可以看出，无论选取测量值中的什么子集，只要该子集中有足够多的元素，就可以实现目标稀疏信号的重建。同时通过随机测量矩阵 Φ，还可以使丢失测量值或个别含噪声测量值的情况具有鲁棒性。其次，在实际的应用中，原始目标信号 x 往往并非在信号域本身具有真正的稀疏性，只有通过变换矩阵或在基矩阵 Ψ 的分解下才能体现出稀疏的特性，即 $x=\Psi\alpha$，此时 α 是稀疏的。在这种情况下，基于压缩感知的性质，实际上是要求矩阵 $\Phi\Psi$ 的乘积满足 RIP。如果期望确定性地完成重建，就要在构建测量矩阵 Φ 的时候充分考虑矩阵 Ψ 的影响。但如果矩阵 Φ 是通过随机的方法构建的，就可以完全不必顾及矩阵 Ψ 的影响。例如，如果矩阵 Φ 的元素都随机地从一个高斯分布中获取，同时变换矩阵 Ψ 是通过正交基构成的，则可以很容易地可以确定 $\Phi\Psi$ 同样服从高斯分布，所以只要有足够多的测量值（即 M 足够大），$\Phi\Psi$ 将以很高的概率满足 RIP。如文献[10]所示，类似的结果同样适用于亚高斯分布。这一特性经常称为通用性(universality)，也是最突出的优点。这类通过随机方法构建的测量矩阵通常称为通用测量矩阵。

3.6　非相关性

如果需要从压缩感知中提炼几个关键术语，那么一定会有“稀疏性”“约束等距特性”“随机性”“非相关性(incoherence)”及“ℓ_1 范数最小化重建”。到目前为止，已经介绍了矩阵的斯巴克特性(3.2 节)、零空间特性(3.2 节)和约束等距特性(3.3 节)。测量矩阵的这些特性可以确保重建出稀疏信号。然而如果要验证一个矩阵 Φ 是否满足上面的这些特性，需要确保这个矩阵的任何一个子集矩阵都满足这些特性，这是一个组合问题，需要验证$\begin{pmatrix}N\\K\end{pmatrix}$种可能。当矩阵的维数很大时，这些特性很难得到验证。因而在很多情况下，更需要一种容易计算的矩阵特性来确保目标稀疏信号的重建，而矩阵的“相关性”正是这样一种特性。

在描述这个概念之前，先描述一个矩阵符号 $\bar{\Theta}$。假设希望基于 $y=\Theta x$ 获取 M 个测量值重建原始信号 x，测量矩阵 Θ 的大小一般为 $M\times N$，假设测量矩阵 Θ 是通过随机从原始矩阵 $\bar{\Theta}$（其大小为 $N\times N$）中选取 M 行向量获取的，其中 $\bar{\Theta}$ 的每个元素 θ_{ij} 均服从独立同分布的亚高斯分布（这是出于满足前面 RIP 特性的要求），即 $\bar{\Theta}^*\bar{\Theta}=I$。在经典的线性代数中，关于矩阵的相关性的定义如下。

定义 3.5　一个大小为 $M\times N$ 矩阵 Θ 的相关性 $\mu(\Theta)$，定义为矩阵中任意两个列向量 θ_i、θ_j 归一化内积绝对值的最大值：

$$\mu(\Theta)=\max\frac{|\theta_i^{\mathrm{T}}\theta_j|}{\|\theta_i\|_2\|\theta_j\|_2},\quad 1\leqslant i\leqslant j\leqslant N \tag{3.52}$$

由式(3.52)可以看出，一个矩阵的相关特性的值通常介于这个范围：$\mu(\Theta)\in\left[\sqrt{\frac{N-M}{M(N-1)}},1\right]$，下边界通常称为 Welch 界[12-15]。值得指出的是，当 $M\ll N$ 时，下边界可以近似为 $\mu(\Theta)\geqslant 1/\sqrt{M}$。从本质上说，传统的矩阵相关性是矩阵中各个列之间点积绝对值的最大值。

这个概念被 Donoho 和 Huo[16] 基于一些特定的情况引入到压缩感知中，此时在压缩感知中相关性的定义略有不同：

$$\mu(\bar{\Theta})=\sqrt{N}\cdot\max|\theta_{i,j}|,\quad 1\leqslant i\leqslant j\leqslant N \tag{3.53}$$

即对于原始方阵 $\bar{\Theta}$ 中，将所有元素中幅值最大的值定义为该矩阵的相关性，这里的相关性也可以粗略地理解为矩阵 $\bar{\Theta}$ 中每一行向量的幅值平坦性。因为矩阵 $\bar{\Theta}$ 中每一行的 ℓ_2 范数都是相同的（为 1），所以每一行元素的幅值一定在区间$\left[\frac{1}{\sqrt{N}},1\right]$上，所以这里的相关性 $\mu(\bar{\Theta})\in[1,\sqrt{N}]$。文献[17]的最新研究结果表明，只有当测量值的个数 M 满足下式时：

$$M \geqslant C \cdot \mu(\bar{\Theta}) \cdot K \cdot \ln N \tag{3.54}$$

才有重建方法可以以极高的概率重建原始稀疏信号。而当采用 ℓ_1 范数最小化的方法来重建目标稀疏信号时，测量值的个数 M 满足下式时：

$$M \gtrsim \mu(\bar{\Theta}) \cdot K \cdot \ln N \tag{3.55}$$

则该方法可以以极高的概率重建原始稀疏信号，其中符号"$\gtrsim$"表示大于或近似等于。

根据式(3.54)和式(3.55)可知，采样矩阵的相关性越小，重建原始稀疏信号所需的采样个数就越少，即采样效率越高。当矩阵 $\bar{\Theta}$ 中的行向量都很完美地极端平坦时，即对于任意 i、j，$|\theta_{i,j}|=\dfrac{1}{\sqrt{N}}$时，$\mu(\bar{\Theta})=1$。一个很恰当的例子是当 $\bar{\Theta}$ 为数字傅里叶变换矩阵时，$\mu(\bar{\Theta})=1$，所以部分傅里叶采样矩阵(即随机地从大小为 $N\times N$ 的正交傅里叶变换矩阵中抽取M 行组成新的矩阵)是一个很优秀的采样矩阵。下面再考虑另一种极端的情况，如果矩阵 $\bar{\Theta}$ 中的每一行都是极端不平整分布的，假设所有元素都为 0，只有一个非零元素，则 $\mu(\bar{\Theta})=\sqrt{N}$。例如，假设矩阵 $\bar{\Theta}$ 的第 i_0 行、第 j_0 列的元素 $\theta_{i_0,j_0}=1$，而待采样信号 x 中只包含一个非零元素位于第 j_0 个位置，为了重建原始信号 x，必须采集到 $\bar{\Theta}x$ 中的第 i_0 个观测值，否则永远无法重建原始信号 x。换句话说，如果希望以大于 $1-1/N$ 的概率重建原始信号 x，则需要所有 $\bar{\Theta}x$ 中的元素。这两个极端的例子也间接说明了相关性在压缩感知理论中举足轻重的地位，相关性越强，所需要的采样个数越多，而相关性越弱，则所需要的采样个数越少。这也就是在压缩感知理论中经常提及的一个必要条件——非相关性。

其实上面关于非相关性的定义给出的有些生涩，从物理层面上不太容易理解，所以这里关于非相关性还有另外一种解释。当待采样信号本身并不具备稀疏特性时，如图 3.3 所示，往往需要一个稀疏表达矩阵来挖掘待采样信号的稀疏性，因而矩阵 $\bar{\Theta}$ 实际上可以分解成两个矩阵的乘积，一个是正交的测量矩阵 $\bar{\Phi}$，另一个是稀疏性表达矩阵 Ψ，即 $\bar{\Theta}=\bar{\Phi}\Psi$，其中

$$y=\Theta x=\Phi\Psi\alpha, \quad \bar{\Phi}^{*}\bar{\Phi}=I, \quad \Psi^{*}\Psi=I$$

在这种情况下测量矩阵的相关性可以理解为测量域和稀疏表达域之间的相关性，所以相关性定义为

$$\mu(\bar{\Phi},\Psi)=\sqrt{N}\cdot\max|\langle\phi_i,\varphi_j\rangle|,\quad 1\leqslant i\leqslant j\leqslant N \tag{3.56}$$

其实式(3.56)与式(3.53)没有本质的区别(假设 $\Psi=I$，即待采样信号其本身就能体现出稀疏性，则式(3.56)退化为式(3.53))，但在理解相关性本身的物理含义上，式(3.56)远比式(3.53)更好理解也更加直观。相关性可以粗略地理解为测量域和稀疏表达域之间的相似程度，所以在压缩感知中相关性(coherence)也通常被理解为互相关性(mutual coherence)。同样根据式(3.54)和式(3.55)，为了确保采样过程效率最高，需要确保采样矩阵具有非相关性，即需要相关系数 μ 等于其最小值 1，此时每个测量矢量(即矩阵 $\bar{\Phi}$ 中的每一行)一定要在稀疏表达域 Ψ 中是平坦延展的。如图 3.4 所示，针对稀疏信号 x 或在稀疏表达域 Ψ 中的稀疏系数 α(图 3.4(a))，一定要采用类似图 3.4(b)所示的采样矢量才能实现高效采样。此时，无论从矩阵 $\bar{\Phi}$ 中抽取哪个 M 行，都可以利用 ℓ_1 范数最小化的方法重构出原始信号，这也就是压缩感知中所要求随机采样的由来。

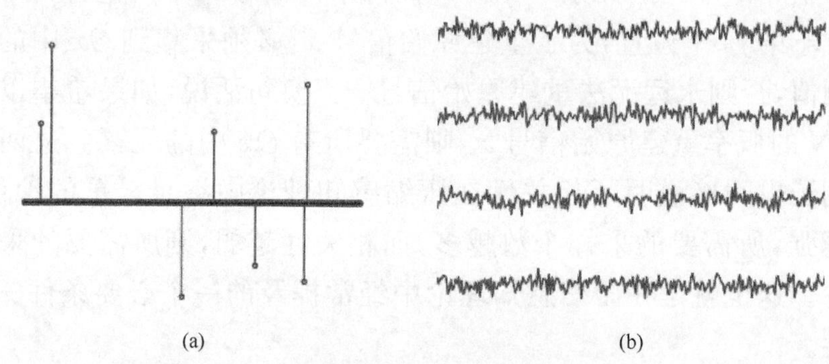

图 3.4　非相关性采样示例

文献表明，测量矩阵最好确保每一行的变量均服从归一化的高斯白噪声分布或者服从伯努利分布(每个变量等概率地取值+1 或−1)，说明此时的测量矩阵的相关性系数 μ 最小，即满足非相关特性，这种通过随机获取的测量值在重建稀疏信号时是最优的，即这种方式所需的测量值是最少的[4,18-20]。

根据文献[21]可知在没有噪声的理想情况下，当相关系数满足 $\mu<\sqrt{N}/(2K-1)$时，基追踪算法(basic pursuit，BP)和匹配追踪算法 MP 将唯一地为方程 $y=\Phi x$ 重建原始稀疏信号 x。然而，在实际的情况中，目标信号不可能绝对稀疏也不可避免地会被噪声污染，因而这些重构算法必须足够稳定，使得它们可以在有噪声的情况下重构目标信号 $\hat{x}$ 或将重建误差限定在一定的范围内，也就是说，针对某个范数 p，有 $\|\hat{x}-x\|_p\leqslant\|e\|_p$。其实前面介绍的 RIP 和非相关性都是用于描述感知矩阵的，而一旦感知矩阵满足这些特性就意味着该感知矩阵具有一定的稳定性。本质上来说，RIP 和非相关性是用于描述感知矩阵的两个平行概念，只不过 RIP 是从定量的角度出发，而非相关性则是从定性的角度出发，两者在本质上具有一致性，例如，根据文献[1]，可以得出 $\delta_K\leqslant\mu\cdot(K-1)/\sqrt{N}$，可见相关系数越小，则 RIP 系数也越小。

理论总是很完美，然而现实总是很残酷。在实际的应用中，往往无法采用这种完全随机测量的方式获得观测值，主要受限于两个方面：其一，通常没有太多可选择的方式来获取测量值。例如，在磁共振成像中，潜在的物理特性限定只能在频域中获取待测目标的二维或三维傅里叶变换系数，这里只能选择需要获取哪个位置上的傅里叶系数而无法应用高斯白噪声采样矩阵。基于同样的道理，在后面将要介绍的射电天文领域，也面临同样的问题。其二，在实际应用中，受限的另一个原因是完全随机测量过程中所需的计算量问题。完全随机测量说明需要采用毫无章法的测量矩阵，这就要求庞大的内存来存储这个测量矩阵。例如，当需要根据采样个数 $M=10000$ 重建一个具有百万像素的图像 $N=1000000$ 时，就需要 10GB 的内存，这在实际的应用中是很不现实的，而且这里还没有考虑到重建过程所需要的计算量，所以在实际的应用中采用完全随机测量是很不实际的。最近的一些研究成果表明，利用一些特殊的硬件器件，如数字微镜设备(digital micromirror device，DMD)、阵列人造电磁微带和空间光调制器(spatial light modulator)等都可以实现随机测量。这样的研究成果主要包括：单像素相机[18]、基于人造电磁材料的微波探测器[22]、非扫描激光雷达[23,24]和基于压缩感知的编码掩模多光谱相机[25,26]等。这些测量矩阵牺牲了一定程度的随机性，它们的采样矩阵比完全随机测量矩阵有更多的结构，但是更具有硬件实现的可行性。虽然这些测量矩阵不是采用完全随机生成的，但这些测量矩阵在一定程度上还是满足非相关性质的。

参考文献

[1] Donoho D L, Elad M. Optimally sparse representation in general(nonorthogonal) dictionaries via ℓ_1 minimization [J]. Proceedings of the National Academy of Sciences, 2003, 100: 2197-2202.

[2] Eldar Y C, Kutyniok G. Compressed Sensing: Theory and Applications [M]. Cambridge: Cambridge University Press, 2012.

[3] Cohen A, Dahmen W, DeVore R. Compressed sensing and best k-term approximation [J]. Journal of the American Mathematical Society, 2009, 22: 211-231.

[4] Candès E J, Tao T. Decoding by linear programming [J]. IEEE Transactions on Information Theory, 2005, 51: 4203-4215.

[5] Davenport M A. Random Observations on Random Observations: Sparse Signal Acquisition and Processing [D]. Hoston:Rice University, 2010.

[6] Garnaev A Y, Gluskin E D. The widths of a Euclidean ball[C]. Proceedings of the Dokl Akad Nauk SSSR, 1984,277(5):1048-1052.

[7] http://cnxorg/content/m37187/latest[2014-2-1].

[8] DeVore R A. Deterministic constructions of compressed sensing matrices [J]. Journal of Complexity, 2007, 23: 918-925.

[9] Indyk P. Explicit constructions for compressed sensing of sparse signals[C]. Proceedings of the Nineteenth Annual ACM-SIAM Symposium on Discrete Algorithms, Society for Industrial and Applied Mathematics,San Francisco,2008:30-33.

[10] Baraniuk R, Davenport M, DeVore R, et al. A simple proof of the restricted isometry property for random matrices [J]. Constructive Approximation,2008, 28: 253-263.

[11] Mendelson S, Pajor A, Tomczak-Jaegermann N. Uniform uncertainty principle for Bernoulli and subgaussian ensembles [J]. Constructive Approximation, 2008, 28: 277-289.

[12] Baraniuk R, Davenport M, Duarte M, et al. An introduction to compressive sensing [J]. Connexions e-textbook, 2011.

[13] Datta S,Howard S,Cochran D. Geometry of Welch bounds[J]. Linear Algebra and Its Applications,2012,437(10):2455-2470.

[14] Strohmer T, Heath R W. Grassmannian frames with applications to coding and communication [J]. Applied and Computational Harmonic Analysis, 2003, 14: 257-275.

[15] Welch L R. Lower bounds on the maximum cross correlation of signals(Corresp.)[J]. IEEE Transactions on Information Theory, 1974, 20: 397-399.

[16] Donoho D L, Huo X. Uncertainty principles and ideal atomic decomposition [J]. IEEE

Transactions on Information Theory, 2001, 47: 2845-2862.

[17] Candès E J, Plan Y. A probabilistic and RIPless theory of compressed sensing [J]. IEEE Transactions on Information Theory, 2011, 57: 7235-7254.

[18] Duarte M F, Davenport M A, Takhar D, et al. Single-pixel imaging via compressive sampling [J]. IEEE Signal Processing Magazine, 2008, 25: 83-91.

[19] Candès E, Tao T. Near-optimal signal recovery from random projections: Universal encoding strategies? [J]. Information Theory, IEEE Transactions on, 2006, 52(12): 5406-5425.

[20] Candès E, Romberg J. Sparsity and incoherence in compressive sampling [J]. Inverse Problems, 2007, 23: 969-985.

[21] Tropp J A. Greed is good: Algorithmic results for sparse approximation [J]. IEEE Transactions on Information Theory, 2004, 50: 2231-2242.

[22] Hunt J, Driscoll T, Mrozack A, et al. Metamaterial Apertures for Computational Imaging [J]. Science, 2013, 339: 310-313.

[23] Kirmani A, Colaço A, Wong F N, et al. Exploiting sparsity in time-of-flight range acquisition using a single time-resolved sensor [J]. Optics Express, 2011, 19: 21485-21507.

[24] Colaço A, Kirmani A, Howland G A, et al. Compressive depth map acquisition using a single photon-counting detector: Parametric signal processing meets sparsity[C]. Proceedings of the Computer Vision and Pattern Recognition(CVPR), 2012.

[25] Gehm M, John R, Brady D, et al. Single-shot compressive spectral imaging with a dual-disperser architecture [J]. Opt Express, 2007, 15: 14013-14027.

[26] Wagadarikar A, John R, Willett R, et al. Single disperser design for coded aperture snapshot spectral imaging [J]. Applied optics, 2008, 47: B44-B51.

第 4 章　压缩感知的重建

4.1　基于 ℓ_1 范数最小化的稀疏信号重建

正如本章后面将要介绍的，目前存在许多方法能基于很少的线性观测值来重建出稀疏的目标信号。这里首先考虑一种最直接的稀疏信号重建方法。

假设矢量 $x \in \Sigma_K$ 是一个长度为 N 的稀疏信号，同时测量矩阵 Φ：$\mathbb{R}^N \to \mathbb{R}^M$已知，基于很少的测量值 y，即 $M<N$，未知数的个数远远多于方程个数的情况下，来探讨是否能重建原始目标信号 x。采用最直接的重建方法，则

$$
\begin{aligned}
&\min \|x\|_0, \quad \text{s.t. } y=\Phi x, \quad \text{测量值无噪声情况} \\
&\min \|x\|_0, \quad \text{s.t. } \|\Phi x-y\|_2 \leqslant \varepsilon, \quad \text{测量值存在少量有界噪声情况}
\end{aligned}
\tag{4.1}
$$

这里，$\|x\|_0=|\operatorname{supp}(x)|$本质上就是统计出目标信号中非零信号的个数。很明显，无论针对上面哪种情况，这种求解方法都可以给出最稀疏的结果。

需要指出的是，在上面的方程中，只是简单地把目标信号 x 本身当成稀疏信号。而在实际的应用中，很少存在这种本身就稀疏的信号，大多数信号会在某个正交变换域或稀疏字典 Ψ 中体现出稀疏特性，即$x=\Psi\alpha$，α 中存在较少的非零元素。这种情况下，可以很容易地把式(4.1)改写为

$$
\begin{aligned}
&\min \|\alpha\|_0, \quad \text{s.t. } y=\Phi\Psi\alpha, \quad \text{测量值无噪声情况} \\
&\min \|\alpha\|_0, \quad \text{s.t. } \|\Phi\Psi\alpha-y\|_2 \leqslant \varepsilon, \quad \text{测量值存在少量有界的噪声情况}
\end{aligned}
\tag{4.2}
$$

实际上如果令 $\Theta=\Phi\Psi$，则本质上式(4.1)和式(4.2)是一样的。这里需要重点指出的是，当 Ψ 是一个字典而不是一个正交变换矩阵时，

$\|\hat{x}-x\|_2=\|\Psi\hat{\alpha}-\Psi\alpha\|_2\neq\|\hat{\alpha}-\alpha\|_2$，因而针对 $\|\hat{\alpha}-\alpha\|_2$ 的边界条件不能直接映射到 $\|\hat{x}-x\|_2$，这是在特殊应用中需要考虑的问题。正如在 3.5 节介绍的那样，在多数情况下引入变换矩阵 Ψ 并没有增加构建采样矩阵的复杂性，因而在本章中，主要考虑当 $\Psi=I$ 时，即目标信号具有稀疏性的情况。

求解式(4.1)和式(4.2)是一个组合优化问题，因而是 NP 难题[1]。在实际应用中，当矢量 x 的长度 N 和其中的非零个数 K 均较大时是无法实现的。Chen 等在他们的文章[2]中阐明，可以采用凸的 ℓ_1 范数来近似非凸的 ℓ_0 范数，从而将组合优化问题转化为凸优化问题。当测量值没有受到噪声污染的情况下，就可以引申出如下被称为 BP(basis pursuit)的表达式：

$$\min\|x\|_1,\quad \text{s. t.}\ \ y=\Phi x \tag{4.3}$$

当测量值存在少量有界噪声时，可以把下式称为 BPDN(basis pursuit denoising)：

$$\min\|x\|_1,\quad \text{s. t.}\ \ \|\Phi x-y\|_2\leqslant\varepsilon \tag{4.4}$$

从第 2 章中所介绍的 ℓ_1 范数的单位球形状可知，ℓ_1 范数最小化算法确实有利于保持信号的稀疏性。事实上，针对压缩感知理论体系而言，采用 ℓ_1 范数近似 ℓ_0 是很重要的一个环节，压缩感知理论体系给出二者在挖掘稀疏性方面等价的充分必要条件，该等价性不仅取决于原始信号的稀疏性，同样取决于测量矩阵的非相关特性。采用式(4.3)来替代式(4.1)，就可以把一个无法求解的问题转化为一个可以通过现代优化理论求解的问题。事实上，利用 ℓ_1 范数最小化来重建稀疏信号的方法，其历史可以追溯到当年 Beurling 基于部分傅里叶变换系数推测原始目标信号的时代[3]。从 20 世纪 70～80 年代开始，随着现代计算机技术的发展，计算能力快速增长，因而基于 ℓ_1 范数最小化广泛地应用于解决实际的问题中。其中一个早期的具体应用是，基于地球物理信号的高频成分，就可以采用 ℓ_1 范数最小化的方法把包含脉冲序列的地球物理信号重建出来[4-6]。最终在 20 世纪 90 年代，在数字信号处理领域中挖掘信号和图像的稀疏化表达时，基于 ℓ_1 范数最小化方法得以再次引起学者的广泛关注，使其焕发了第二春。无独有偶，基于 ℓ_1 范数最小化方法同样在近些年的统计学中引起了广泛关注，只不过在统计学中，它有个新名字叫“Lasso”[7]。这里说点题外话，其实数学家总是喜欢采用一些由生僻词汇命名的术语，营造一种神秘的氛围，进而使得科研支持经费源源不断地进账。

有理由相信，基于 ℓ_1 范数最小化方法在信号重建方面将提供巨大的帮助。下面将从理想情况即测量值无噪声情况和测量值存在边界噪声的情况下分开讨论基于 ℓ_1 范数最小化方法在信号重建中的相关知识。

4.2 无噪声信号重建

这里考虑一个更为通用的无噪声信号重建问题：

$$\hat{x}=\underset{x}{\operatorname{argmin}}\|x\|_1, \quad \text{s. t. } x\in\mathcal{B}(y) \tag{4.5}$$

其中，$\mathcal{B}(y)$确保 $\hat{x}$ 与测量值 y 保持一致，它可以有多种选择，如针对式(4.3)，$\mathcal{B}(y)$定义为$\{x:\Phi x=y\}$。首先来讨论下面这个引理。

引理 4.1 假设测量矩阵 Φ 满足 $2K$ 阶约束等距特性，其中 $\delta_{2K}<\sqrt{2}-1$。已知 $x,\hat{x}\in\mathbb{R}^N$，并定义 $h=\hat{x}-x$；设 Λ_0 表示矢量 x 中 K 个幅值最大元素的下标集合，Λ_1 表示矢量 $h_{\Lambda_0^c}$ 中 K 个幅值最大元素的下标集合，同时设 $\Lambda=\Lambda_0\cup\Lambda_1$。如果$\|\hat{x}\|_1\leqslant\|x\|_1$，则有

$$\|h\|_2\leqslant C_0\frac{\sigma_K(x)_1}{\sqrt{K}}+C_1\frac{|\langle\Phi h_\Lambda,\Phi h\rangle|}{\|h_\Lambda\|_2} \tag{4.6}$$

其中，$C_0=2\dfrac{1-(1-\sqrt{2})\delta_{2K}}{1-(1+\sqrt{2})\delta_{2K}}$，$C_1=\dfrac{2}{1-(1+\sqrt{2})\delta_{2K}}$；同时 $\sigma_K(x)_1$ 的定义还是如式(3.5)所示，即 $\sigma_K(x)_1=\|x_{\Lambda_0^c}\|_1=\|x-x_{\Lambda_0}\|_1$。

证明 因为$h=h_\Lambda+h_{\Lambda^c}$，根据三角不等式，有

$$\|h\|_2\leqslant\|h_\Lambda\|_2+\|h_{\Lambda^c}\|_2 \tag{4.7}$$

首先限定$\|h_{\Lambda^c}\|_2$，根据 3.4 节中引理 3.5，有

$$\|h_{\Lambda^c}\|_2=\Big\|\sum_{j\geqslant 2}h_{\Lambda_j}\Big\|_2\leqslant\sum_{j\geqslant 2}\|h_{\Lambda_j}\|_2\leqslant\frac{\|h_{\Lambda_0^c}\|_1}{\sqrt{K}} \tag{4.8}$$

其中，Λ_j 同前面引理 3.5 中的定义一样，Λ_1 是 $h_{\Lambda_0^c}$ 中包含 K 个幅值最大元素的下标集合，而 Λ_2 是下一个包含 K 个幅值最大元素的下标集合，以此类推。

现在我们需要限定$\|h_{\Lambda_0^c}\|_1$，因为$\|x\|_1\geqslant\|\hat{x}\|_1$，有

$$\begin{aligned}\|x\|_1 &\geqslant\|x+h\|_1=\|x_{\Lambda_0}+h_{\Lambda_0}\|_1+\|x_{\Lambda_0^c}+h_{\Lambda_0^c}\|_1\\ &\geqslant\|x_{\Lambda_0}\|_1-\|h_{\Lambda_0}\|_1+\|h_{\Lambda_0^c}\|_1-\|x_{\Lambda_0^c}\|_1\end{aligned}\tag{4.9}$$

移项后得到

$$\|h_{\Lambda_0^c}\|_1\leqslant\|x\|_1-\|x_{\Lambda_0}\|_1+\|h_{\Lambda_0}\|_1+\|x_{\Lambda_0^c}\|_1$$

再次应用三角不等式，得到

$$\begin{aligned}\|h_{\Lambda_0^c}\|_1 &\leqslant\|x-x_{\Lambda_0}\|_1+\|h_{\Lambda_0}\|_1+\|x_{\Lambda_0^c}\|_1\\ &=2\|x_{\Lambda_0^c}\|_1+\|h_{\Lambda_0}\|_1\end{aligned}\tag{4.10}$$

由于 $\sigma_K(x)_1=\|x_{\Lambda_0^c}\|_1=\|x-x_{\Lambda_0}\|_1$，所以

$$\|h_{\Lambda_0^c}\|_1\leqslant\|h_{\Lambda_0}\|_1+2\sigma_K(x)_1\tag{4.11}$$

把式(4.11)与式(4.8)相结合，同时根据 3.4 节引理 3.2，有

$$\|h_{\Lambda^c}\|_2\leqslant\frac{\|h_{\Lambda_0}\|_1+2\sigma_K(x)_1}{\sqrt{K}}\leqslant\|h_{\Lambda_0}\|_2+\frac{2\sigma_K(x)_1}{\sqrt{K}}\tag{4.12}$$

很明显，由于$\|h_{\Lambda_0}\|_2\leqslant\|h_\Lambda\|_2$，结合式(4.7)，有

$$\|h\|_2\leqslant2\|h_\Lambda\|_2+\frac{2\sigma_K(x)_1}{\sqrt{K}}\tag{4.13}$$

现在开始为$\|h_\Lambda\|_2$ 建立一个边界，结合式(4.11)和 3.4 节引理 3.6，$\alpha=\frac{\sqrt{2}\delta_{2K}}{1-\delta_{2K}}$，$\beta=\frac{1}{1-\delta_{2K}}$，有

$$\begin{aligned}\|h_\Lambda\|_2 &\leqslant\alpha\frac{\|h_{\Lambda_0^c}\|_1}{\sqrt{K}}+\beta\frac{|\langle\Phi h_\Lambda,\Phi h\rangle|}{\|h_\Lambda\|_2}\\ &\leqslant\alpha\frac{\|h_{\Lambda_0}\|_1+2\sigma_K(x)_1}{\sqrt{K}}+\beta\frac{|\langle\Phi h_\Lambda,\Phi h\rangle|}{\|h_\Lambda\|_2}\\ &\leqslant\alpha\|h_{\Lambda_0}\|_2+2\alpha\frac{\sigma_K(x)_1}{\sqrt{K}}+\beta\frac{|\langle\Phi h_\Lambda,\Phi h\rangle|}{\|h_\Lambda\|_2}\end{aligned}\tag{4.14}$$

又因为$\|h_{\Lambda_0}\|_2\leqslant\|h_\Lambda\|_2$，所以

$$(1-\alpha)\|h_\Lambda\|_2 \leqslant 2\alpha \frac{\sigma_K(x)_1}{\sqrt{K}} + \beta \frac{|\langle \Phi h_\Lambda, \Phi h\rangle|}{\|h_\Lambda\|_2} \tag{4.15}$$

已知 $\delta_{2K}<\sqrt{2}-1$，所以 $\alpha<1$。结合式(4.13)，有

$$\|h\|_2 \leqslant \left(\frac{4\alpha}{1-\alpha}+2\right)\frac{\sigma_K(x)_1}{\sqrt{K}} + \left(\frac{2\beta}{1-\alpha}\right)\frac{|\langle \Phi h_\Lambda, \Phi h\rangle|}{\|h_\Lambda\|_2} \tag{4.16}$$

把 $\alpha=\dfrac{\sqrt{2}\delta_{2K}}{1-\delta_{2K}}$，$\beta=\dfrac{1}{1-\delta_{2K}}$代入式(4.16)，可以得出式(4.6)中，$C_0=2\times\dfrac{1-(1-\sqrt{2})\delta_{2K}}{1-(1+\sqrt{2})\delta_{2K}}$，$C_1=\dfrac{2}{1-(1+\sqrt{2})\delta_{2K}}$。证毕。

引理 4.1 实际上是为由式(4.5)中 ℓ_1 范数最小化方法带来的误差建立了一个边界，当然其中的前提条件是测量矩阵 Φ 满足 $2K$ 阶的约束等距特性。为了针对具体的 $\mathcal{B}(y)$ 构建出特殊的边界条件，必须关注 $\hat{x}\in\mathcal{B}(y)$ 如何影响 $|\langle \Phi h_\Lambda, \Phi h\rangle|$。以没有测量噪声的情况为例，可以得出下面的定理。

定理 4.1（文献[8]中的定理 1.1）　假设测量矩阵 Φ 满足 $2K$ 阶约束等距特性，其中 $\delta_{2K}<\sqrt{2}-1$，在无噪声情况下获得测量值 $y=\Phi x$，即在式(4.5)中 $\mathcal{B}(y)=\{z: y=\Phi z\}$，则式(4.5)的解 $\hat{x}$ 满足

$$\|\hat{x}-x\|_2 \leqslant C_0 \frac{\sigma_K(x)_1}{\sqrt{K}} \tag{4.17}$$

其中，C_0 与引理 4.1 中相同。

证明　因为 $x\in\mathcal{B}(y)$，可以直接应用引理 4.1，当 $h=\hat{x}-x$ 时，有

$$\|h\|_2 \leqslant C_0 \frac{\sigma_K(x)_1}{\sqrt{K}} + C_1 \frac{|\langle \Phi h_\Lambda, \Phi h\rangle|}{\|h_\Lambda\|_2}$$

又因为 $x,\hat{x}\in\mathcal{B}(y)$，可以得出 $y=\Phi x=\Phi\hat{x}$，因而 $\Phi h=0$，所以上式中的 $C_1\dfrac{|\langle \Phi h_\Lambda, \Phi h\rangle|}{\|h_\Lambda\|_2}=0$。需要指出的是，这里同时使用了 $\|\hat{x}\|_1\leqslant\|x\|_1$ 的条件，这是因为 $\hat{x}$ 是满足式(4.5)的解，即这个解一定是满足 ℓ_1 范数最小化的，所以有 $\|\hat{x}\|_1\leqslant\|x\|_1$。证毕。

值得指出的是，定理 4.1 在压缩感知理论中具有很重要的意义。当

$x \in \Sigma_K = \{x: \|x\|_0 \leqslant K\}$ 时，如果 Φ 满足 RIP，和前面介绍的一样，只需要 $O(K\ln(N/K))$ 个采样值就可以无失真地重建任何包含 K 个非零元素的目标信号 x，而无需考虑这 K 个非零元素具体如何分布。这个结果看起来有些令人难以置信，很容易让我们以为这个采样和重建过程对噪声会很敏感，但是我们在 4.3 节将看到，引理 4.1同样可以证明这个方法相当稳定。

4.3　有噪信号重建

正如 4.2 节中介绍的那样，针对无噪信号，压缩感知理论提供了一个很令人兴奋的解决方案。然而在现实生活中，噪声无处不在。以图像感光器件 CCD 中的噪声为例，介绍一些关于噪声的知识。在整个成像的过程中，噪声在各个阶段都有体现，主要可以分为如下类型：光子噪声、热噪声、片上电子噪声、放大噪声和量化噪声等。光子噪声是指由连续自然光中到达一个已知像元的光子数量值的起伏带来的噪声。热噪声与 CCD 的工作温度密切相关，随着 CCD 的温度增高，更多的电子从 CCD 的硅材料中释放出来，而这些电子与由光子到达像元激发出的光电子是无法通过亮度量化器加以区分的，这就是热噪声。片上电子噪声也常被称作读出噪声，它与 CCD 的读出像元密不可分，读出速率越高，读出噪声越明显。放大噪声是指由放大器引起的噪声。量化噪声是模拟信号转换成数字信号所带来的误差，这是因为不管采用多少个量化比特值，都无法穷尽由单个像元中光电子引起的模拟电压值。同样，图像在后续的传输、压缩过程中也会引入噪声，总之，噪声无处不在。面对这样复杂的噪声情形，压缩感知理论还能否胜任采样和重建的工作呢？

这里考虑一个通用的、存在噪声污染情况下的信号重建问题：

$$\hat{x} = \underset{x}{\operatorname{argmin}} \|x\|_1, \quad \text{s.t. } x \in \mathcal{B}(y) \tag{4.18}$$

其中，$\mathcal{B}(y)$ 确保 $\hat{x}$ 与测量值 y 保持一致，在有噪声的情况下，$\mathcal{B}(y)$ 可以有多种表达方式。这里主要分如下两种情况来讨论。

4.3.1 边界噪声污染信号的重建

首先假设被污染信号的噪声是有界的，关于这方面的研究最早是文献[9]阐述的。

定理 4.2 假设测量矩阵 Φ 满足 $2K$ 阶约束等距特性，其中 $\delta_{2K}<\sqrt{2}-1$，假设 $y=\Phi x+e$，其中 e 是测量过程中带来的误差，由于噪声是有界的，即 $\|e\|_2\leqslant\varepsilon$，则当 $\mathcal{B}(y)=\{x: \|y-\Phi x\|_2\leqslant\varepsilon\}$ 时，式(4.18)的解 $\hat{x}$ 满足

$$\|\hat{x}-x\|_2\leqslant C_0\frac{\sigma_K(x)_1}{\sqrt{K}}+C_1\varepsilon \tag{4.19}$$

其中，$C_0=2\dfrac{1-(1-\sqrt{2})\delta_{2K}}{1-(1+\sqrt{2})\delta_{2K}}$，$C_1=\dfrac{4\sqrt{1+\delta_{2K}}}{1-(1+\sqrt{2})\delta_{2K}}$。

证明 目标是为 $\|h\|_2=\|\hat{x}-x\|_2$ 建立边界条件。因为 $\|e\|_2\leqslant\varepsilon$，$x\in B(y)$，并且由式(4.18)中限定的 $\hat{x}$，所以 $\|\hat{x}\|_1\leqslant\|x\|_1$。这里直接应用引理 4.1，其中，为了约束 $|\langle\Phi h_\Lambda,\Phi h\rangle|$，有

$$\|\Phi h\|_2=\|\Phi(\hat{x}-x)\|_2=\|\Phi\hat{x}-y+y-\Phi x\|_2\leqslant\|\Phi\hat{x}-y\|_2+\|\Phi x-y\|_2\leqslant 2\varepsilon \tag{4.20}$$

结合约束等距特性和 Cauchy-Schwarz 不等式，有

$$|\langle\Phi h_\Lambda,\Phi h\rangle|\leqslant\|\Phi h_\Lambda\|_2\|\Phi h\|_2\leqslant 2\varepsilon\sqrt{1+\delta_{2K}}\|h_\Lambda\|_2 \tag{4.21}$$

从而

$$\|h\|_2\leqslant C_0\frac{\sigma_K(x)_1}{\sqrt{K}}+C_1' 2\varepsilon\sqrt{1+\delta_{2K}}=C_0\frac{\sigma_K(x)_1}{\sqrt{K}}+C_1\varepsilon \tag{4.22}$$

其中，C_1' 是引理 4.1 中的 C_1，即 $C_1'=\dfrac{2}{1-(1+\sqrt{2})\delta_{2K}}$，代入式(4.22)，可以得出 $C_1=\dfrac{4\sqrt{1+\delta_{2K}}}{1-(1+\sqrt{2})\delta_{2K}}$。证毕。

下面考虑一种特殊情形，假设已知目标稀疏信号中 K 个非零系数的位置 Λ_0，讨论一下，重建这个目标稀疏矢量 x 的策略。这个问题经常称为“oracle estimator”[10,11]，在这种情况下，自然而然的方法是采用伪

逆来重建目标信号：

$$\hat{x}_{\Lambda_0}=\Phi_{\Lambda_0}^{\dagger}y=(\Phi_{\Lambda_0}^{\mathrm{T}}\Phi_{\Lambda_0})^{-1}\Phi_{\Lambda_0}^{\mathrm{T}}y$$
$$\hat{x}_{\Lambda_0^c}=0 \tag{4.23}$$

其中，$\Phi^{\dagger}$表示矩阵 Φ 的伪逆，即 $\Phi^{\dagger}=(\Phi^{\mathrm{T}}\Phi)^{-1}\Phi^{\mathrm{T}}$，$\Phi^{\mathrm{T}}$表示矩阵 Φ 的转置。式(4.23)中的潜在假设条件是，矩阵 Φ_{Λ_0} 为列满秩(Φ_{Λ_0} 大小为 $M\times K$，即把系数为零的下标 Λ_0^c 的列从 Φ 中移除)，所以针对方程 $y=\Phi_{\Lambda_0}x_{\Lambda_0}$ 存在唯一解。在这种情况下，重建误差可以写成

$$\begin{aligned}\|\hat{x}-x\|_2&=\|(\Phi_{\Lambda_0}^{\mathrm{T}}\Phi_{\Lambda_0})^{-1}\Phi_{\Lambda_0}^{\mathrm{T}}(\Phi x+e)-x\|_2=\|x+(\Phi_{\Lambda_0}^{\mathrm{T}}\Phi_{\Lambda_0})^{-1}\Phi_{\Lambda_0}^{\mathrm{T}}e-x\|_2\\&=\|(\Phi_{\Lambda_0}^{\mathrm{T}}\Phi_{\Lambda_0})^{-1}\Phi_{\Lambda_0}^{\mathrm{T}}e\|_2\end{aligned} \tag{4.24}$$

这里考虑重建误差最差的情形，由于测量矩阵 Φ 满足 $2K$ 阶约束等距特性，因而根据标准奇异值分解特性，可以知道矩阵 $\Phi_{\Lambda_0}^{\dagger}$ 中最大的奇异值介于 $\left[\frac{1}{\sqrt{1+\delta_{2K}}},\frac{1}{\sqrt{1-\delta_{2K}}}\right]$，因而对于任何 e，重建误差的边界为

$$\left[\frac{\varepsilon}{\sqrt{1+\delta_{2K}}}\leqslant\|\hat{x}-x\|_2\leqslant\frac{\varepsilon}{\sqrt{1-\delta_{2K}}}\right] \tag{4.25}$$

因而如果 x 中刚好存在 K 个非零系数，基于已知非零系数下标信息的伪逆重建方法并不会给定理 4.2 中的边界条件带来本质上的改善。

下面检验一种不同的噪声模型，在定理 4.2 中如果假设噪声 $\|e\|_2$ 很小；下面的定理将假设当 $\|\Phi^{\mathrm{T}}e\|_{\infty}$ 很小时，分析一种称为 Dantzig selector 的重建方法[12]。

定理 4.3　假设测量矩阵 Φ 满足 $2K$ 阶约束等距特性，其中 $\delta_{2K}<\sqrt{2}-1$，假设 $y=\Phi x+e$，其中 e 是测量过程中带来的误差，$\|\Phi^{\mathrm{T}}e\|_{\infty}\leqslant\lambda$，则当 $\mathcal{B}(y)=\{z:\|\Phi^{\mathrm{T}}(y-\Phi z)\|_{\infty}\leqslant\lambda\}$时，式(4.18)的解 $\hat{x}$ 满足

$$\|\hat{x}-x\|_2\leqslant C_0\frac{\sigma_K(x)_1}{\sqrt{K}}+C_3\sqrt{K}\lambda \tag{4.26}$$

其中，$C_0=2\frac{1-(1-\sqrt{2})\delta_{2K}}{1-(1+\sqrt{2})\delta_{2K}}$，$C_3=\frac{4\sqrt{2}}{1-(1+\sqrt{2})\delta_{2K}}$。

证明　参照定理 4.2 的证明，因为 $\|\Phi^{\mathrm{T}}e\|_{\infty}\leqslant\lambda$，并且 $x\in\mathcal{B}(y)$，所以 $\|\hat{x}\|_1\leqslant\|x\|_1$。这里直接应用引理 4.1，并采用类似定理 4.2 的证明，将

限定$|\langle \Phi h_\Lambda, \Phi h\rangle|$的边界。首先由于$x,\hat{x}\in B(y)$，可以得出

$$\begin{aligned}\|\Phi^{\mathrm{T}}\Phi h\|_\infty &= \|\Phi^{\mathrm{T}}\Phi(\hat{x}-x)\|_\infty = \|\Phi^{\mathrm{T}}(\Phi\hat{x}-y)+\Phi^{\mathrm{T}}(y-\Phi x)\|_\infty \\ &\leqslant \|\Phi^{\mathrm{T}}(\Phi\hat{x}-y)\|_\infty + \|\Phi^{\mathrm{T}}(y-\Phi x)\|_\infty \leqslant 2\lambda\end{aligned} \tag{4.27}$$

再由于$\Phi h_\Lambda = \Phi_\Lambda h_\Lambda$，根据 Cauchy-Schwarz 不等式，有

$$|\langle \Phi h_\Lambda, \Phi h\rangle| = |\langle h_\Lambda, \Phi_\Lambda^{\mathrm{T}}\Phi h\rangle| \leqslant \|h_\Lambda\|_2 \|\Phi_\Lambda^{\mathrm{T}}\Phi h\|_2 \tag{4.28}$$

最后，因为$\|\Phi^{\mathrm{T}}\Phi h\|_\infty \leqslant 2\lambda$，即$\Phi^{\mathrm{T}}\Phi h$中的每个系数均小于等于$2\lambda$，所以

$$\|\Phi_\Lambda^{\mathrm{T}}\Phi h\|_2 \leqslant \sqrt{2K}2\lambda$$

进而

$$\|h\|_2 = \|\hat{x}-x\|_2 \leqslant C_0\frac{\sigma_K(x)_1}{\sqrt{K}} + C_1 2\sqrt{2K}\lambda = C_0\frac{\sigma_K(x)_1}{\sqrt{K}} + C_3\sqrt{K}\lambda \tag{4.29}$$

证毕。

4.3.2 高斯噪声污染信号的重建

将针对有高斯噪声污染的情况下，对这些重建方法的性能给出简单的分析。文献[13]首先对高斯噪声给出了分析，作者针对包含高斯噪声的测量值分析了ℓ_0范数最小化的方法，这里将根据定理 4.2 和定理 4.3，针对ℓ_1范数最小化推演出类似的结果。为了简化讨论，重点关注$x\in\Sigma_K=\{x:\|x\|_0\leqslant K\}$的情形，所以$\sigma_K(x)_1=0$，在定理 4.2 和定理 4.3 中的误差边界只取决于e。假设噪声$e\in\mathbb{R}^M$的各分量来自于均值为零、方差为σ^2的高斯分布，通过利用标准的高斯分布特性可以得出(感兴趣的读者请参考文献[14]中第 5 章推论 5.17)，总存在正实数c_0，使得针对任何$\varepsilon>0$，式(4.30)成立：

$$P(\|e\|_2 \geqslant (1+\varepsilon)\sqrt{M}\sigma) \leqslant \exp(-c_0\,\varepsilon^2 M) \tag{4.30}$$

其中，$P(\cdot)$表示事件发生的概率。把式(4.30)应用于定理 4.2，同时令$\varepsilon=1$，可以得出如下针对高斯噪声污染情况下的推论。

推论 4.1 假设测量矩阵Φ满足$2K$阶约束等距特性，其中$\delta_{2K}<\sqrt{2}-1$。假设$x\in\Sigma_K$，测量值$y=\Phi x+e$，其中噪声e满足标准正态分布$\mathcal{N}(0,\sigma^2 I)$(其中$I$是单位阵)，则当$\mathcal{B}(y)=\{z:\|\Phi z-y\|_2\leqslant 2\sqrt{M}\sigma\}$时，

式(4.18)的解 $\hat{x}$ 以至少为 $1-\exp(-c_0 M)$ 的概率满足

$$\|\hat{x}-x\|_2 \leqslant 8\frac{\sqrt{1+\delta_{2K}}}{1-(1+\sqrt{2})\delta_{2K}}\sqrt{M}\sigma \tag{4.31}$$

这是因为 $\sigma_K(x)_1=0$，即定理 4.2 中 $\|\hat{x}-x\|_2 \leqslant C_1\varepsilon$，所以有式(4.31)。可以在高斯噪声的情况下，回顾定理 4.3。如果假设矩阵 Φ 中所有列的 ℓ_2 范数为 1，即单位标准范数，则 $\Phi^{\mathrm{T}}e$ 中的每个系数都是一个均值为零、方差为 σ^2 的高斯变量。根据高斯分布的标准拖尾边界，我们有

$$P(|[\Phi^{\mathrm{T}}e]_i| \geqslant t\sigma) \leqslant \exp(-t^2/2), \quad i=1,2,\cdots,N \tag{4.32}$$

针对不同的 i，根据联合分布边界(union bound)，有

$$P(\|\Phi^{\mathrm{T}}e\|_\infty \geqslant 2\sqrt{\ln N}\sigma) \leqslant N\exp(-2\ln N)=\frac{1}{N} \tag{4.33}$$

把上面的结果应用到定理 4.3，可以得到下面的推论(本质上是文献[12]中定理 1.1 的简化)。

推论 4.2　假设测量矩阵 Φ 所有列的 ℓ_2 范数都是单位标准范数，同时测量矩阵 Φ 满足 $2K$ 阶约束等距特性，其中 $\delta_{2K}<\sqrt{2}-1$。假设 $x\in\Sigma_K$，测量值 $y=\Phi x+e$，其中噪声 e 满足标准正态分布 $\mathcal{N}(0,\sigma^2 I)$。则当 $\mathcal{B}(y)=\{z:\|\Phi^{\mathrm{T}}(\Phi z-y)\|_\infty \leqslant 2\sqrt{\ln N}\sigma\}$ 时，式(4.18)的解 $\hat{x}$ 以至少为 $1-\frac{1}{N}$ 的概率满足

$$\|\hat{x}-x\|_2 \leqslant 4\sqrt{2}\frac{\sqrt{1+\delta_{2K}}}{1-(1+\sqrt{2})\delta_{2K}}\sqrt{K\ln N}\sigma \tag{4.34}$$

如果暂时忽略推论 4.1 和推论 4.2 中常数的精确性和针对边界条件的概率，可以观察到，当 $M=O(K\ln N)$ 时，这两个推论的结果在形式上基本是一致的。然而事实上，这两个推论还是有些微小的差异，例如，当 M 和 N 固定且 K 可变时，推论 4.2 中的边界也会自适应地跟着变化。尤其当 K 很小时，该边界会提供一个更严格的误差保障，而推论 4.1的边界并不会随着 K 的减小而改变。同样地，还可以观察到推论 4.2 中的误差 $\|\hat{x}-x\|_2^2$ 以很高的概率小于一个边界(即一个常数 C_4 与 $\sigma^2 K\ln N$ 乘积的常数)。在压缩感知理论体系中，一般会要求 $M>K\ln N$，所以有

$$\|\hat{x}-x\|_2^2 \leqslant C_4\sigma^2 K\ln N < C_4 M\sigma^2$$

这就使得重建的误差在相当大的程度上小于噪声功率的期望，即 $E\|e\|_2^2 = M\sigma^2$，所以这就表明基于信号稀疏性的重建方法成功地降低了噪声水平，这也就奠定了把压缩感知应用到实际的理论基础。

4.4 测量矩阵的校准

到目前为止，讨论了压缩感知理论中测量值在没有噪声和有噪声污染情况下的目标信号重建问题。前面所有的讨论都是基于测量矩阵是精确已知的情况下展开的，然而噪声无处不在，这里将要考虑测量矩阵本身存在噪声干扰的情形，主要介绍解决另一个在实际应用中必须要面对的问题，即测量矩阵的校准问题。

4.4.1 问题描述

这里回顾式(4.3)和式(4.4)，大小为 $M\times N$ 的测量矩阵 Φ 可能并不是确切已知的，它可能通过模型来描述，但并不是实际中的测量矩阵；即使在有些情况下测量矩阵被校准后，随着客观工作条件的变化(如系统工作温度)，测量矩阵的物理条件仍可能发生漂移。根据文献[15]和[16]的表述，基于存在误差的测量矩阵将明显影响重建目标稀疏信号的精度，这也是在实际应用中限制压缩感知设备综合表现的一个重要因素。

为了解决这个问题，通常有下列四种方案。

(1) 忽略这个问题，假设这个问题不存在，掩耳盗铃。

(2) 简单地把由非精确测量矩阵带来的影响当作噪声[15]：这里假设实际的非精确测量矩阵为 $\hat{\Phi}$，则观测值 $y=\hat{\Phi}x+\varepsilon$，可以简单地把压缩感知的重建问题变换为解决下面这个问题：

$$y=\Phi x+\varepsilon+\eta \tag{4.35}$$

其中，η 表示的是由测量矩阵不精确带来的误差。

(3) 监督校准：利用已知的训练稀疏信号：$x_1, x_2, \cdots, x_l, \cdots, x_L$ 和相应的测量值 $y_l=\hat{\Phi}x_l+\varepsilon_l$。把所有的矢量排列起来组成矩阵的形

式，有

$$Y=\hat{\Phi}X+E \tag{4.36}$$

其中，需要基于这些已知的训练信号和测量值来校准测量矩阵：

$$\hat{\Phi}:=\underset{\Phi}{\operatorname{argmin}}\|Y-\hat{\Phi}X\|_{\mathrm{F}}^{2} \tag{4.37}$$

这里记号$\underset{\hat{\Phi}}{\operatorname{argmin}}\|Y-\hat{\Phi}X\|_{\mathrm{F}}^{2}$的意思是优化 $\hat{\Phi}$ 使$\|Y-\hat{\Phi}X\|_{\mathrm{F}}^{2}$最小。

(4) 非监督校准：针对少数几个未知信号（需要保证具有稀疏的特性），利用它们各自有限的、基于压缩感知模型的采样值，开展盲校准，即无需采用已知的训练信号来校准测量矩阵，或训练的目标稀疏信号是未知的。

方案(1)肯定不足为取；方案(2)中，很难获取 η 的统计特性，这就为单纯求解式(4.35)带来难度；方案(3)具有一定的实用价值，针对第 7 章即将介绍的“单像素相机”，就可以在实验室里通过这种方法来实现校准。但是该方案无法广泛推广，例如，就射电天文成像领域来说，根本无法为庞大的天线阵列创建已知的稀疏信号（点状恒星或星系），这种方案也就无法走向实际应用。综上所述，只有方案(4)是最具实际使用价值的，这里将重点介绍该方法。

有时候假设待校准的测量矩阵来自于某些矩阵族是非常有用的，例如，有时已知或假设未知的测量矩阵 Φ 在已知的字典中是稀疏的，即 $\Phi\approx\sum_{j}a_j\Phi_j$，且$\|a\|_0$ 很小[17]，其中 $a=[a_1,\cdots,a_j,\cdots]$。这时，监督校准的问题就可以转化为求解下面的凸优化问题：

$$\min\|a\|_1,\quad \text{s.t.}\quad \left\|Y-\sum_{j}a_j\Phi_jX\right\|_{\mathrm{F}}^{2}\leqslant\varepsilon \tag{4.38}$$

除了需要考虑上面介绍的关于测量矩阵精度校准的问题，这里还需要关注一种更为实用的情况：已知测量矩阵是精确的，但是每次测量的增益未知，也就是说，$\Phi=D\Phi_0$。其中，Φ_0 是已知精确的测量矩阵；D 是未知的增益矩阵；D 是一个对角矩阵，其中的第 i 个元素d_i 是作用于测量矩阵第 i 行的增益，所以有

$$\Phi\in\{\Phi=D\Phi_0,D=\operatorname{diag}(d_i),d_i\neq0,\forall i\} \tag{4.39}$$

实际上，基于未知增益来校准测量矩阵是具有现实意义的。例如，当麦克风阵列[18]作为测量矩阵时，每个麦克风的频率响应都需要校准，

即针对每个频率,测量矩阵的问题就转化为一个确定增益矩阵的问题。

4.4.2 非监督校准

非监督校准也可以称为盲校准方法[16,19],即无须采用已知的训练信号来校准测量矩阵,或训练的目标稀疏信号是未知的。把未知的训练信号矢量 $x_1, x_2, \cdots, x_l$ 表述成矩阵 X,基于已知精确的测量矩阵 Φ_0 和多组观测矢量 $y_1, y_2, \cdots, y_l$ 形成的矩阵 Y,通过一定的方法可以确定增益矩阵 D 和 X,即解决下面这个问题:

$$\min_{D,X}\|X\|_1, \quad \text{s.t.} \quad Y=D\Phi_0 X \tag{4.40}$$

然而求解式(4.40)很容易把我们带入一个误区:由于对矩阵 D 和 X 没有任何限制,可以把矩阵 D 设为无穷大,X 只要趋近于零就可以满足式(4.40),但是很明显,这样的解没有任何实际意义。

为了提供一个凸集的公式表达,这里提出一种描述方法重新表述这个问题,即把 $Y=D\Phi_0 X$ 表述为 $\Delta Y=\Phi_0 X$,其中 $\Delta=D^{-1}=\mathrm{diag}(\delta_i)$,$\mathrm{diag}(\delta_i)$是将所有的 δ_i 排列在对角线上形成的对角矩阵。同样为了避免前面提到的无意义解 $\Delta=X=0$,这里引入一个凸集归一化约束条件 $\mathrm{Tr}(\Delta)=\sum_i \delta_i = M$,其中 $\mathrm{Tr}(\cdot)$表示矩阵的迹,也就是说,$D=\mathrm{diag}(d_i)$,$\sum_i d_i^{-1}=M$。其实这个约束条件也可以替换为 δ_1 或 $\delta_i=1$ 等其他形式,这个约束条件主要是为了避免前面提到的无意义解 $\Delta=X=0$。由于可以对 Δ 引入任意约束,Δ 和 X 本质是存在一个比例的关系。

参照文献[16],非监督校准测量矩阵的方法可以表述为

$$(\hat{X},\hat{\Delta}):=\operatorname{argmin}\|X\|_1, \quad \text{s.t.} \quad \Delta Y=\Phi_0 X, \mathrm{Tr}(\Delta)=M \tag{4.41}$$

这是一个典型的凸集优化问题,例如,可以通过 MATLAB 的优化包 CVX[20] 来解决这个问题。接下来要借助文献[15]中的结果来对比一下忽略测量矩阵精度问题和采用式(4.41)非监督校准测量矩阵对重建目标信号的影响。

4.4.3 仿真数据生成

基于独立同分布的高斯模型随机生成 K 个非零的长度为 N 的训练矢量 x_l,共生成 L 组稀疏性为 K 的训练矢量。理想的测量矩阵 Φ_0

同样由独立同分布高斯模型生成，它的大小为 $M\times N$，其中这里 $N=100$。正实数增益矩阵 $D=\text{diag}(\exp(\mathcal{N}(0,\sigma^2)))$，其中 σ 的大小影响增益矩阵中增益的幅值偏差。实际的观测值 $y_1,y_2,\cdots,y_l$ 可以由 $y_l=D\Phi x_l$ 得出，同样可以写成矩阵的形式 $Y=D\Phi_0 X$。针对不同的参数配置 $\delta=M/N,\rho=K/M$（ρ 也是一个在压缩感知理论中经常会用到的系数，表示目标信号的非零个数 K 和观测值个数 M 的比值），采用 L 组稀疏训练矢量和 σ 来评价重建原始训练信号 X 的精度。这里需要指出的是由于 Δ 和 X 存在一定的比例关系，可以采用归一化的互相关性来衡量重建的稀疏信号 $\hat{X}$ 和原始信号 X 的接近程度，例如，当两个信号的互相关达到 99.5%时，可以认为这个重建过程是成功的。注意，直接比较 $\hat{X}$ 和 X 的差异是没有意义的，因为不同的 Δ 会导致重建信号有比例偏移问题。

4.4.4　仿真结果

这里重建结果的比较主要是基于 Donoho-Tanner 相变[21,22]展开的。Donoho-Tanner 相变其实和传统的相变没有任何关系，它是由 Donoho 和 Tanner 提出的采用一条曲线分割的两个区域，进而区分在不同的 $\delta=M/N$ 和 $\rho=K/M$ 的情况下，能够成功采用 ℓ_1 替代 ℓ_0 的区域和通过 ℓ_1 重建算法失败的区域，感兴趣的读者可以参考文献[22]。基于不同的 σ 和 L，比较采用非监督校准和没有采用任何校准的重建结果。需要指出的是，这些仿真结果中，Donoho-Tanner 相变图表述的成功重建比例是基于 50 次重复随机生成实验数据得出的。

从图 4.1（见文后彩图）可以看出，在没有采用任何校准处理的情况下，当 $L=1,L=3$ 且增益矩阵中的方差较小（$\sigma=0.01,\sigma=0.0316$）时，介于实验样本很少区间（即 δ 取值较小）的相变曲线几乎没有什么变化。可见在测量矩阵误差很小时，正如前几章理论分析的那样，压缩感知表现出很好的鲁棒特性。有趣的是，当 $\sigma=0.01$，实验样本很少时，采用非监督校准方法几乎无一成功，很明显过少的训练样本为校准过程带来过多的自由度，反而不如直接利用压缩感知自身的鲁棒特性来克服测量矩阵失真带来的误差。

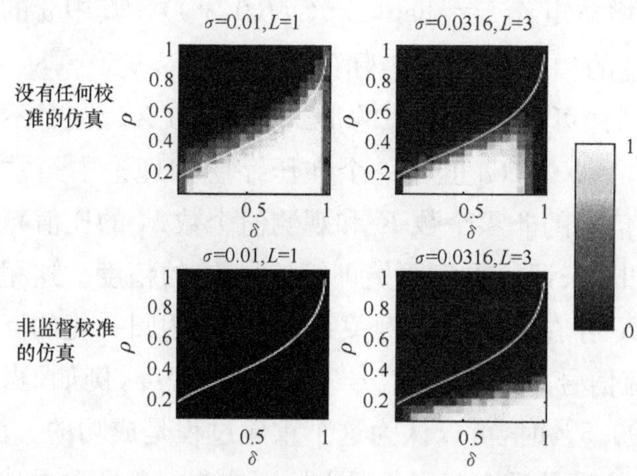

图 4.1　当实验样本很少而且噪声幅度很小时的成功重建概率[15]

然而随着训练样本数量的增多，$L=5,9,21$ 和测量矩阵精度误差的加大，$\sigma=0.1,0.3162$ 和 1，如图 4.2（见文后彩图）所示，得到了令人惊奇的结果。从第一行当没有采用任何校准的压缩感知方法在 $\sigma=0.1$ 时，基于 ℓ_1 重建目标稀疏信号的成功概率急剧下降。而当 $\sigma=0.316$ 或 1 时，无论训练样本多少，传统的压缩感知方法无一成功，这进一步说明了随着测量矩阵严重地失真，给传统压缩感知的重建带来的打击也是致命的。山重水复疑无路，柳暗花明又一村。从图 4.2 的第二行可以

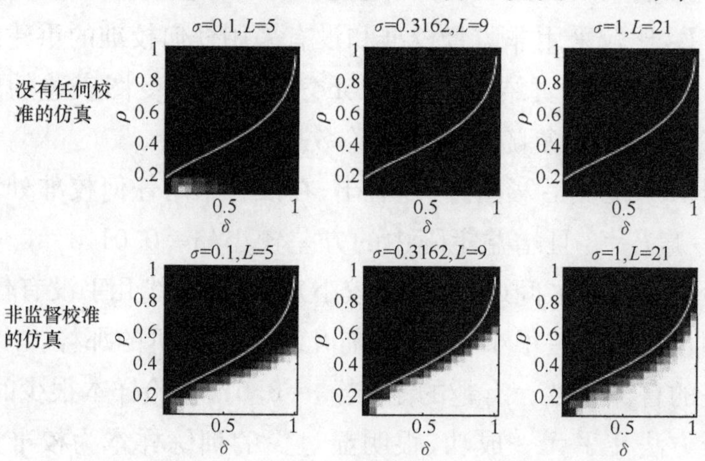

图 4.2　当实验样本增加而且噪声幅度较大时的成功重建概率[15]

看出，随着训练样本的增多，采用非监督校准的重建方法比传统压缩感知重建方法更具优势。例如，在 $\sigma=1, L=21$ 的情况下，传统的压缩感知重建方法彻底失效，而非监督校准的重建方法给出了令人满意的重建结果。

在实际的应用中，这种非监督校准测量矩阵的方法具有重要意义，该方法为压缩感知走向实际应用扫清了障碍。

参 考 文 献

[1] Muthukrishnan S. Data Streams: Algorithms and Applications [M]. Hanover: Now Publishers, 2005.

[2] Chen S S, Donoho D L, Saunders M A. Atomic decomposition by basis pursuit [J]. SIAM Journal on Scientific Computing, 1998, 20: 33-61.

[3] Beurling A. Construction and analysis of some convolution algebras[C]. Proceedings of the Annales de l'institut Fourier, 1964.

[4] Levy S, Fullagar P K. Reconstruction of a sparse spike train from a portion of its spectrum and application to high-resolution deconvolution [J]. Geophysics, 1981, 46: 1235-1243.

[5] Taylor H L, Banks S C, McCoy J F. Deconvolution with the ℓ_1 norm [J]. Geophysics, 1979, 44: 39-52.

[6] Walker C, Ulrych T J. Autoregressive recovery of the acoustic impedance [J]. Geophysics, 1983, 48: 1338-1350.

[7] Tibshirani R. Regression shrinkage and selection via the lasso [J]. Journal of the Royal Statistical Society Series B(Methodological), 1996,1: 267-288.

[8] Candès E J. The restricted isometry property and its implications for compressed sensing [J]. Comptes Rendus Mathematique, 2008, 346: 589-592.

[9] Candès E J, Romberg J K, Tao T. Stable signal recovery from incomplete and inaccurate measurements [J]. Communications on Pure and Applied Mathematics, 2006, 59: 1207-1223.

[10] Fan J, Li R. Variable selection via nonconcave penalized likelihood and its oracle properties [J]. Journal of the American Statistical Association, 2001, 96: 1348-1360.

[11] Elad M. Sparse and Redundant Representations: From Theory to Applications in Signal and Image Processing [M]. New York: Springer, 2010.

[12] Candès E J, Tao T. The Dantzig selector: Statistical estimation when p is much larger than n [J]. The Annals of Statistics, 2007, 2313-2351.

[13] Haupt J, Nowak R. Signal reconstruction from noisy random projections [J]. IEEE Transactions on Information Theory, 2006, 52: 4036-4048.

[14] Eldar Y C，Kutyniok G. Compressed Sensing：Theory and Applications[M]. Cambridge：Cambridge University Press，2012.

[15] Herman M A，Strohmer T. General deviants：An analysis of perturbations in compressed sensing [J]. IEEE Journal of Selected Topics in Signal Processing，2010，4：342-349.

[16] Gribonval R，Chardon G，Daudet L. Blind calibration for compressed sensing by convex optimization[C]. Acoustics，Speech and Signal Processing(ICASSP)，2012 IEEE International Conference on，2012：2713-2716.

[17] Pfander G E，Rauhut H，Tanner J. Identification of matrices having a sparse representation [J]. IEEE Transactions on Signal Processing，2008，56：5376-5388.

[18] Mignot R，Daudet L，Ollivier F. Compressed sensing for acoustic response reconstruction：Interpolation of the early part[C]. Applications of Signal Processing to Audio and Acoustics(WASPAA)，2011 IEEE Workshop on，2011：225-228.

[19] Bilen C，Puy G，Gribonval R，et al. Blind Sensor Calibration in Sparse Recovery Using Convex Optimization [C]. SAMPTA-10th International Conference on Sampling Theory and Applications-2013，2013.

[20] Grant M，Boyd S，Ye Y. CVX：MATLAB software for disciplined convex programming [M/OL]. http://www. cvxr. com[2008-1-1].

[21] Donoho D，Tanner J. Counting faces of randomly projected polytopes when the projection radically lowers dimension [J]. Journal of the American Mathematical Society，2009，22：1-53.

[22] Donoho D，Tanner J. Observed universality of phase transitions in high-dimensional geometry，with implications for modern data analysis and signal processing [J]. Philosophical Transactions of the Royal Society A：Mathematical，Physical and Engineering Sciences，2009，367：4273-4293.

第 5 章　稀疏信号重建算法

本书以上章节，主要介绍了压缩感知的相关理论基础。已经知道压缩感知有别于常规的奈奎斯特采样定理，它并不是如奈奎斯特采样定理那样所采即所得，而是通过一个采样矩阵间接完成采样的，因而它需要一个重建的步骤。将在本章介绍一些关于稀疏信号重建方面的知识。对这方面感兴趣的读者可以关注有关压缩感知的相关网页和博客，如美国 Rice University 的 DSP 小组网页资源和 Igor Carron 的关于压缩感知的个人博客[1]。

5.1　稀疏信号重建算法

在压缩感知的框架下，已知有噪声的观测值/测量值 $y=\Phi x+e$，压缩感知的核心问题是基于 y 如何重建出原始的稀疏信号 x。广大学者一直以来都致力于寻找高效、精确和稳定的重建算法。正如前面介绍的那样，一个“好”的测量矩阵 Φ 符合某种几何限定条件，如满足约束等距特性和非相关特性等，这样就可以降低观测值/测量值的采样个数，确保高效、稳定的重建原始稀疏信号，同时还可以有效抑制噪声的影响。

一般来说，设计稀疏信号重建算法需要考虑多种因素，如以下四点。

(1) 数量较少的测量/观测值。基于相同个数的测量/观测值，稳定地重建原始包含 K 个非零值的稀疏信号。

(2) 针对测量噪声和模型噪声的鲁棒特性。无论测量值包含噪声还是测量矩阵本身的系统噪声，重建算法都需要稳定地重建出原始稀疏信号。

(3) 速度。重建算法一定要高效，在占用较少计算资源的情况下，实现稀疏信号重建。这一点非常重要。在实际的应用中,压缩感知往往需要处理多维信号,重建算法的执行效率决定了它在实际应用中的可行性。

(4) 稳定性。在第 4 章已经看到,通过理论分析的方式,论证了采用 ℓ_1 范数最小化可以确保重建的稳定性,然而在评估算法时,需要所有算法基于同样的重构条件,例如,针对同样包含 K 个非零值的稀疏信号,基于同样数量的测量值来讨论重建效果。类似地,还可以分别在有噪声和无噪声的情况下分别加以比较。

文献表明,大多重建算法考虑到了上面提出的部分或全部因素,可以宽泛地分为四类:基于凸优化类算法、贪婪算法、组合重建算法和贝叶斯方法,下面将分别以实例的方式介绍这四类算法。

5.2 基于凸优化类算法

基于凸优化类算法是实现稀疏信号重建的重要分支,这类算法是在一个$\mathbb{R}^N$空间中的凸集中去优化关于未知变量 x 的凸函数$J(x)$。

5.2.1 问题描述

假设$J(x)$是凸的、促进稀疏性的代价函数,也就是说,当目标信号 x 很稀疏时,$J(x)$的值很小。在测量值没有噪声时,基于测量值 $y=\Phi x$,其中测量矩阵 Φ 大小为 $M\times N$,为了重建稀疏信号 x,可以解下面的方程:

$$\min\{J(x)\},\quad \text{s.t.}\quad y=\Phi x \tag{5.1}$$

在测量值有噪声时解下面的方程:

$$\min\{J(x)\},\quad \text{s.t.}\quad H(\Phi x,y)\leqslant\varepsilon \tag{5.2}$$

其中,H 是一个用来惩罚矢量 Φx 和 y 距离的代价函数。式(5.2)同样可以改写为没有约束条件的形式:

$$\min\{J(x)+\lambda H(\Phi x,y)\} \tag{5.3}$$

其中,λ 是一个惩罚因子,它通常可以通过试错法(trial-and-error)或基于统计学的交叉验证(cross validation)来选取。

对凸优化算法而言，最为流行的选定 J 和 H 的方式为：$J(x)=\|x\|_1$，即为稀疏信号 x 的 ℓ_1 范数；$H(\Phi x,y)=\frac{1}{2}\|\Phi x-y\|_2^2$，即为实际测量值 y 和理论测量值（即 Φx）之间误差的 ℓ_2 范数。在统计学中，在 $\|x\|_1\leqslant\delta$ 的条件下最小化 $H(\Phi x,y)$ 被称为 Lasso 问题。从广义的角度来说，$J(\cdot)$ 作为一个正则项亦可以被其他复杂函数替换。例如，如果目标信号是阶梯函数，同时又在一个已知变换域 Ψ 中体现出稀疏性，则可以有一个混合的正则项：

$$J(x)=\mathrm{TV}(x)+\lambda\|\Psi x\|_1 \tag{5.4}$$

其中，TV(x)是目标信号的总变差（total variation，TV），它定义为

$$\mathrm{TV}(x)=\sum_{i=0}^{N}|x_{i+1}-x_i| \tag{5.5}$$

可以看出，针对阶梯函数类型信号 x 而言，总变差 TV(x)将凸显出稀疏性。式(5.4)可以用常规的凸优化工具包来解决，然而在压缩感知的实际应用中，经常需要考虑重建问题带来的两个重大挑战：一方面，现实世界中，经常要面对高维信号，例如，一幅分辨率为 1024×1024 像素的图像，优化算法需要解决超过一百万个未知变量的方程，这就远远超过了常规优化算法软件包能够处理的范围；另一方面，目标函数通常是非阶梯状的，常用的针对阶梯状目标函数的优化技术将不再有效，甚至不可用。因而，常规的优化算法无法有效解决压缩感知中的重建问题，这就促使研究优化算法的学者重新思考和开发新的优化算法以解决压缩感知在实际中的重建问题。

5.2.2　线性规划

在没有噪声的情况下，ℓ_1 范数最小化问题（当式(5.1)中的 $J(x)=\|x\|_1$ 时）可以看成一个线性规划（linear program，LP）问题，这类问题可以很好地通过内点法来解决[2]，因而它是压缩感知中第一个切实可行并且有理论保障的重建方法。在有噪声的情况下，式(5.2)的问题可以通过带有二次项约束的二阶锥规划（second-order cone program，SOCP）来解决[3]。解决线性规划和二阶锥规划是现代优化方法研究中的要点，然而它们在压缩感知的实际应用中往往受到目标信号维数 N

和约束条件个数M的限制,因为在大多情况下目标信号的维度N和测量值个数M经常会很大。需要指出的是,无论式(5.1)的线性规划还是式(5.2)的二阶锥规划都可以通过一阶内点法来解决。

5.2.3 收缩循环迭代法

除了解决前面介绍的带有约束条件的问题,例如,除了式(5.1)和式(5.2),还可以采用式(5.3)描述的方式来求解。当式(5.3)中的H是凸函数并且可导的情况下,收缩循环迭代法(shrinkage)[也被称为软门限法(soft-thresholding)]是目前最为流行的方法。该方法是针对求解H为二次型问题[4-6]而独立提出的,该方法后来又在文献[7]~[12]中得以扩展。收缩循环迭代法最早由 David Donoho 提出[13],是一种经典的基于小波变换域的图像去噪声方法。其中的收缩运算符定义为

$$\text{shrink}(t,\alpha)=\begin{cases} t-\alpha, & t>\alpha \\ 0, & -\alpha\leqslant t\leqslant\alpha \\ t+\alpha, & t<-\alpha \end{cases} \tag{5.6}$$

近年来的研究发现,收缩循环迭代法同样可以很高效地解决式(5.3)的问题。它的基本方法可以写成定点迭代的方式:对于$i=1,\cdots,N$,目标信号x的第i个分量x_i在第$k+1$次迭代步骤可以写成

$$x_i^{k+1}=\text{shrink}\left(x_i^k-\tau\frac{\partial H(x_i^k)}{\partial x_i^k},\mu\tau\right) \tag{5.7}$$

其中,$\tau>0$是梯度下降法中的步长,这个步长可以随着k而变化;μ可以根据噪声大小和经验来选取,μ越大说明允许x_i^{k+1}和x_i^k之间的距离越大。针对二次型类型的惩罚项H而言,$\frac{\partial H(x_i^k)}{\partial x_i^k}$可以很容易求得,所以在式(5.7)中的每次循环可以通过一系列的矩阵和矢量的乘积来完成。

无论从计算量的角度还是从代码编写的角度,收缩循环迭代法的简单性是显而易见的。许多通过修改和扩展收缩迭代的算法被相继提出,一方面提高解决式(5.7)中基本循环的效率,另一方面把这个方法扩展到式(5.3)中其他类型的$J(x)$[12,14,15]。式(5.7)中的基本循环只有

在连续策略法(continuation strategy)下才起作用,这里的连续策略法是指选取一个逐渐减小的序列 τ 来连续引导中间循环朝着最终的优化结果方向前进。采用这种方法解决非约束优化问题的一个重要方面是参数 μ 的选取,正如前面介绍的一样,在压缩感知的重建步骤中,μ 可以通过试错法来选择;而对于无噪声的情况,即式(5.1),可以通过选取一个较大的 μ 来解决这类无约束的最小化问题。

针对基于有噪声污染观测值的重建问题,一种常规的选取凸代价函数 $H(\Phi x, y)$ 的方法是残差的 ℓ_2 范数,即

$$H(\Phi x, y)=\frac{1}{2}\|y-\Phi x\|_2^2,\quad \frac{\partial H}{\partial x}=\Phi^{\mathrm{T}}(\Phi x-y) \tag{5.8}$$

针对这个特定的惩罚函数,式(5.7)可以简化为

$$x_i^{k+1}=\mathrm{shrink}(x_i^k-\tau\Phi^{\mathrm{T}}(\Phi x_i^k-y),\mu\tau) \tag{5.9}$$

相应的伪码如下。

输入:压缩感知矩阵 Φ,信号测量值 y,参数 μ,步长序列 τ_k。

输出:重建目标信号 $\hat{x}$。

初始化:$\hat{x}_0=0, r=y, k=0$。

当没有满足结束条件时:

(1) $k \leftarrow k+1$

(2) $x \leftarrow \hat{x}-\tau\Phi^{\mathrm{T}} r$　　%梯度下降步骤

(3) $\hat{x} \leftarrow \mathrm{shrink}(x, \mu\tau_k)$　　%收缩运算符操作,具体请参考式(5.6)

(4) $r \leftarrow \Phi\hat{x}-y$　　%更新与观察值的残差

循环到步骤(1),直到满足结束条件并返回 $x \leftarrow \hat{x}$。

5.2.4 Bregman 循环迭代法

针对式(5.1),为了高效地解决这个约束优化问题,可以将其转化为求解如式(5.3)所示的无约束优化的迭代步骤来实现,称为 Bregman 迭代。一个简单的基于 Bregman 迭代方法可以表述为

$$y^{k+1}=y^k+y-\Phi x^k,\quad x^{k+1}=\mathrm{argmin} J(x)+\frac{\lambda}{2}\|y^{k+1}-\Phi x\|_2^2 \tag{5.10}$$

其中的第二个步骤可以很容易地通过前面介绍的收缩循环迭代法来

求解。

Bregman 迭代首先由 Osher 等[16]提出来解决有约束条件的总变差最小化问题，并且他们证明了针对任何凸集函数 $J(x)$，这个方法都是收敛的。参考文献[17]的作者采用 Bregman 迭代解决式(5.1)中 $J(x)=\|x\|_1$ 情况下的问题，文中显示针对任何 $\lambda>0$ 的情况，只需几次循环迭代即可收敛。特别在适当地选取 λ 时，有时只需五次循环。与其他通过解决式(5.3)的非约束问题来求解式(5.1)的方法相比，Bregman 迭代方法通常更稳定，而且速度更快。

5.3 贪婪算法

5.3.1 问题描述

不同于解决一个耗时巨大的凸优化问题，还可以通过稀疏逼近的方法来间接地解决稀疏信号重建问题。本质上来说，稀疏信号重建就是基于线性测量值 y，重建出最具稀疏性的目标信号，即重建出非零个数最少的目标信号。换句话说，就是为了解决下面这个问题：

$$\min\left\{|I|: y=\sum_{i\in I}\phi_i x_i\right\} \tag{5.11}$$

其中，$I\subseteq\{1,\cdots,N\}$，表示一个索引集；ϕ_i 表示矩阵 Φ 的第 i 列。众所周知，通过组合的方法直接求解出最稀疏的解是 NP 难题，尤其当 N 较大时，直接求解是不现实的。相反，采用经典的稀疏逼近方法可以通过逐步地选择矩阵 Φ 的列来逐步逼近 y，进而逐步地确定索引集 I。

5.3.2 匹配跟踪算法

匹配跟踪算法（matching pursuit, MP）最初是由 Mallat 和 Zhang[18,19]在信号处理领域提出来的，它是一种基于迭代的贪婪算法。MP 通常把一个信号看成由字典中的元素通过线性组合构成的。在压缩感知中的稀疏重建中，字典就是采样矩阵 $\Phi\in\mathbb{R}^{M\times N}$，它的每列表示一种原型信号的元素(有时也称为原子信号)，给定一个信号 y，寻求通过这些元素的稀疏线性组合来描述信号 y。

MP 的基本概念非常简单，它主要是围绕着原始观测信号 y 与线性

组合的残差 $r\in\mathbb{R}^M$展开的，残差主要描述的是没有被解释的测量值。在每次迭代中，从字典中选取一个跟残余分量差相关性最大的列：

$$\lambda_k=\underset{\lambda}{\operatorname{argmax}}\left\{\frac{\langle r_{k-1},\phi_\lambda\rangle\phi_\lambda}{\|\phi_\lambda\|^2}\right\} \tag{5.12}$$

其中，ϕ_λ 表示矩阵 Φ 的第 λ 列。一旦这个列被选中，就获得了一个更为逼近原始信号的结果。这是因为一个新的系数 λ_k 被增加到对原始信号逼近的索引集中。然后，需要做如下更新：

$$\begin{aligned} r_k&=r_{k-1}-\frac{\langle r_{k-1},\phi_{\lambda_k}\rangle\phi_{\lambda_k}}{\|\phi_{\lambda_k}\|^2} \\ x^k&=x^{k-1}+\langle r_{k-1},\phi_{\lambda_k}\rangle \end{aligned} \tag{5.13}$$

经过多次迭代，残差将变得越来越小，直到残差的范数小于某个预先设定的阈值，该算法才终止。

相应的伪码如下：

输入：压缩感知矩阵 Φ，信号测量值 y。

输出：重建目标信号 $\hat{x}$。

初始化：$\hat{x}_0=0, r=y, k=0$。

当没有满足结束条件时，循环执行步骤(1)～(4)：

(1) $k\leftarrow k+1$

(2) $\lambda_k\leftarrow\underset{\lambda}{\operatorname{argmax}}\left\{\frac{\langle r_{k-1},\phi_\lambda\rangle\phi_\lambda}{\|\phi_\lambda\|^2}\right\}$　%获取 Φ 中相应列矢量的系数

(3) $\hat{x}\leftarrow\hat{x}+\frac{\langle r_{k-1},\phi_{\lambda_k}\rangle\phi_{\lambda_k}}{\|\phi_{\lambda_k}\|^2}$　%更新重建目标信号 $\hat{x}$

(4) $r\leftarrow r-\Phi\hat{x}$　%更新残差

循环到步骤(1)，直到满足结束条件并返回 $\hat{x}\leftarrow\hat{x}$。

其实早在 Mallat 和 Zhang 提出匹配跟踪算法以前，在射电天文界这个方法就一直被用于解决射电天文图像的去模糊问题，该方法在天文界被称为 CLEAN 算法，是由 Högbom[20] 在 1974 年提出来的。同时在统计学领域，这就是所谓的前向选择法(forward selection)，它是子集选择算法(subset selection)中重要的一种。匹配跟踪算法在重建原始信号的应用中是很实用的，然而它有两个缺点：一方面，这个方法不能

保证重建误差足够小;另一方面,这个方法往往需要大量的循环数才能逼近原始信号,如果残差在已选择的元素进行垂直投影是非正交性的,则会使得每次迭代的结果并不是最优的,而是次最优的,收敛需要很多次迭代。举个例子来说明一下:在二维子空间中,有一个信号 y 被 $\Phi=[\phi_1,\phi_2]$表达,将发现 MP 迭代总是在 ϕ_1 和 ϕ_2 上反复迭代,即 $y=a_1\phi_1+a_2\phi_2+a_3\phi_1+a_4\phi_2+\cdots$,这就是由残差在已选择的元素进行垂直投影的非正交性引起的,经常导致该方法效率低下,所以引出了下面的正交匹配跟踪算法。

5.3.3 正交匹配跟踪算法

正如 5.3.2 节介绍的,匹配跟踪算法在解决很多实际问题中往往受限,这主要是因为匹配跟踪算法的计算量随着循环次数的增加而线性增加。在正交匹配跟踪算法(orthogonal matching pursuit,OMP)中,残差总是和已选取的列正交,所以相同的列在 OMP 中不会被选中两次,因而它的最多循环次数可以明显减少。理论上来说,可以通过格拉姆-施密特(Gram-Schmidt)正交化来生成一个正交的列集合。

OMP 与 MP 不同之处在于它的残余分量与前面每个分量正交,这就是为什么这个算法多了“正交”这个词,MP 中仅与最近选出的那一项正交。在每次循环中,并非将残差 r 减去一个跟其最大相关的字典中的矢量,而是把残差 r 投影到与所有已选定的列线性展开的正交子空间中。

假设 Φ_k 表示矩阵 Φ 在 k 步骤中选择出的子矩阵(第 k 个列的选取过程与 MP 一样),采用

$$x_k=\underset{x}{\operatorname{argmin}}\|y-\Phi_k x\|_2,\quad r_k=y-\Phi_k x_k \tag{5.14}$$

上面这个步骤不断循环,直到残余分量收敛到某一特定阈值。这个方法称为正交匹配跟踪算法[21]。Tropp 和 Gilbert[22]证明 OMP 同样可以应用于压缩感知的重建中,假设原始的待测量信号是稀疏的,同时测量矩阵中每个元素都是从一个服从亚高斯分布的变量中随机选取的,则基于线性混叠的有限个测量值,通过 OMP 实现以极大的概率重建出原始的稀疏信号。这个算法最多需要 K 次循环即可收敛,其中 K

是原始目标信号的非零个数,缺点是在每次循环中,需要额外的正交化运算,所以 OMP 的运算复杂度为 $O(MNK)$。OMP 的改进之处在于:在分解的每一步对所选择的全部元素进行正交化处理,该算法沿用了匹配跟踪算法的元素选择准则,在重建时每次迭代得到重建目标信号 $\hat{x}$ 支撑集的一个元素,只是通过递归对已选择元素集合进行正交化以保证迭代的最优性。这使得在精度要求相同的情况下,OMP 的收敛速度更快。

相应的伪码如下:

输入:压缩采样矩阵 Φ,信号测量值 y,稀疏度 K,标识待重建目标信号中非零元素位置的索引集 Λ。

输出:重建目标信号 $\hat{x}$。

初始化:$\hat{x}_0=0$,$r=y$,循环标识 $k=0$,索引集 Λ_0 为空集。

当没有满足结束条件时,循环执行步骤(1)~(6)。

(1) $k\leftarrow k+1$。

(2) 找出残余分量 r 与采样矩阵中最匹配原子的索引 λ_k,即

$$\lambda_k\leftarrow\underset{j}{\arg\max}\{|\langle r_k,\phi_j\rangle|\}$$

(3) 更新索引集 $\Lambda_k=\Lambda_{k-1}\cup\{\lambda_k\}$,并相应更新采样矩阵中的列集合 $\Phi_k=[\Phi_{k-1}\quad \phi_{\lambda_k}]$。

(4) 重建目标信号,$\hat{x}\leftarrow\Phi_k^{\dagger}y$,其中“$\Phi^{\dagger}$”表示矩阵 Φ 的伪逆。

(5) 更新残余分量,$r\leftarrow y-\Phi_k\hat{x}$。

(6) 判断是否满足 $k>K$,若满足则停止迭代;若不满足,则执行步骤(1)。

OMP 保证了每次算法迭代的最优性,减少了迭代的次数。但是,它在每次迭代中仅选取一个元素来更新已选元素集合,迭代的次数与稀疏度 K 或采样个数 M 密切相关,并且其中还有一个正交化过程,随着 K 或 M 的增加,运算时间也大幅增加。

5.3.4 逐步正交匹配跟踪算法

正如 5.3.3 节中指出的那样,正交匹配跟踪算法也有一定的弊端,当重建不是特别稀疏而且规模较大的目标信号时,逐步正交匹配跟踪

算法(stagewise orthogonal matching pursuit,StOMP)[23]就是一个较好的选择。StOMP 是由 Donoho 等提出的[23],它的基本思想同 OMP 非常类似,残余分量的初始值同样为 $r_0=y$,只是与 OMP 在每次循环中,从字典中选取一个元素不同,StOMP 算法从字典中选取一个元素集合,这个集合的特点是,残余分量与字典的列相关性均大于一定阈值,而后残余分量将基于这些字典中的列集合得到更新,其他步骤与 OMP 完全一致。一般来说,StOMP 的计算复杂度为 $O(MN\ln N)$[23],与 OMP 相比计算复杂度大为减小。

5.3.5 压缩感知匹配跟踪算法

贪婪算法(如 MP 和 OMP)在一定程度上缓解了基于优化的稀疏重建的计算复杂性问题,但是缺乏相应重建正确性的保证,而且无法知道这些方法对信号噪声或采样噪声是否具有鲁棒特性。最近几年,新开发的贪婪方法如正则化正交匹配跟踪算法[24,25]、压缩感知匹配跟踪算法[26]和子空间跟踪算法[27]等,可以在一定程度上兼顾重建算法的通用性和复杂性。其实在整个压缩感知的重建问题中,最核心的问题是在 ℓ_1 范数最小化(4.1 节)中探讨的 RIP。当采样矩阵 Φ 满足 K 阶 RIP 时,这就意味着在采样矩阵 Φ 中任意 K 列子集是几乎正交的,这一特性保证了这些贪婪算法的收敛性。

这里重点介绍压缩感知匹配跟踪算法(compressive sampling matching pursuit,CoSaMP)[26],区别于其他的贪婪算法,CoSaMP 在每次迭代过程中能识别多个元素,这使得它能够快速的收敛,同时避免了阈值选择的难题。CoSaMP 主要包括以下几个重要步骤:从现有采样值生成等价中间过渡信号,并定位中间过渡信号中最大分量的位置,从而估计出原始信号。

CoSaMP 的伪码如下:

输入:压缩采样矩阵 Φ,信号测量值 y,稀疏度 K。

输出:重建目标信号 $\hat{x}$。

初始化:$\hat{x}_0=0$,残余分量 $r=y$,循环标识 $k=0$,索引集 Λ_0 为空集。

当没有满足结束条件时,循环执行步骤(1)~(6)。

(1) $k \leftarrow k+1$。

(2) 生成中间过渡信号 $u=\Phi_{k-1}^{\mathrm{T}} r$,找出 u 的中 $2K$ 个最大分量位置集合 Ω,其中 Φ^{T} 表示矩阵 Φ 的转置。

(3) 更新索引集 $\Lambda_k=\Lambda_{k-1} \cup \Omega$,并更新已找到的采样矩阵中的列集合 $\Phi_k=[\Phi_{k-1} \quad \Phi_\Omega]$。

(4) 重建目标信号,$\bar{x}=\Phi_k^{\dagger} y$。

(5) 保留 $\bar{x}$ 中 K 个最大的分量得 $\hat{x}=(\bar{x})^K$,并更新索引集 $\Lambda_k=\{\bar{x}$ 中 K 个最大的分量的索引$\}$。

(6) 更新残余分量:$r=y-\Phi\hat{x}$。

5.3.6 正则化正交匹配追踪算法

前面研究了 OMP,它不仅保留了 MP 中的元素选择准则,而且能够在每次迭代中对已选元素集合进行正交化,保证迭代结构的最优性,从而降低了运算时间。Needell 和 Vershynin 等对 OMP 算法进行改进,将正则化过程应用于稀疏度为 K 的 OMP,在 OMP 的基础上提出了正则化正交匹配追踪算法(regularized orthogonal matching puisuit, ROMP)[24]。ROMP 和 OMP 不同,它在每次迭代过程中会进行两次元素筛选,第一次元素筛选会根据残余分量与字典阵列中列的相关性,从字典中选取多个列元素作为候选集,然后进行第二次元素筛选,从候选集里按正则化原则挑选出满足需求的元素,并放入最终的支撑集,因此该算法实现了快速、有效的元素选择过程。ROMP 对所有满足 RIP 的测量矩阵和所有稀疏信号都可以实现精确的重建,且重建速度较快。

5.3.7 循环硬门限法

循环硬门限法(iterative hard thresholding, IHT)是一种较为流行的解决非线性逆问题的方法。IHT 结构非常简单:设定初始重建目标信号为 $\hat{x}_0$,IHT 通常通过下式来获取一系列的预测值:

$$\hat{x}_{i+1}=T(\hat{x}_i+\Phi^*(y-\Phi\hat{x}_i), K) \tag{5.15}$$

其中,$T(x,K)$是保留 x 中 K 个最大元素值而置其他元素为零的操作。在文献[28]中,Blumensath 和 Davies 证明了这种循环方法,在采样矩

阵 Φ 满足 RIP 的情况下,收敛到一个最优的固定点 $\hat{x}$,他们的证明方法与 ROMP 和 CoSaMP 中收敛性的证明是有些类似的,感兴趣的读者可以参考文献[28]。

5.3.8 子空间追踪算法

子空间追踪算法(subspace pursuit,SP)[29]是对 OMP 和 MP 进行的一种改进,不仅重建效果比匹配追踪算法好,运算时间也要低于收缩循环迭代法。同时该算法还能在有噪声和无噪声的环境下分别精确地信号重建和逼近的信号重建。对于任意的测量矩阵,只要它满足约束等距特性,那么子空间追踪算法就能够从无噪声的测量向量中精确地重建原信号。

在压缩感知信号重建算法中,最重要的就是确定测量向量 y 位于哪个子空间,且这些子空间是由测量矩阵中 K 个列向量生成的。一旦确定了正确的子空间位置,通过应用子空间的伪逆就可以计算出信号的非零系数。SP 的重要特点在于寻找生成正确子空间的 K 个列向量的方法。该算法包含测量矩阵中的 K 个列向量的列表,对子空间的最初估计是测量矩阵中与实际信号 y 的 K 个最大相关的列,为了修正对子空间最初的估计,SP 会检测包含 K 个列向量的子集,检测这个子空间是否可以很好地重建信号。假如重建信号与实际信号之间残差没有达到算法的要求则需要更新这个列表。该算法会通过保留可靠的、丢弃不可靠的候选值,同时也加入相同数量的新候选值来更新子空间。更新的原则是新的子空间重建信号残差要小于更新前的子空间重建信号残差,该算法在一定条件下能够确保重建,并且 SP 可以确保下一个迭代循环能够找到更好的子空间。

基于凸集优化类算法在实现稀疏信号重建方面通常是很有效的,但是其他多种贪婪或循环方法也同样可以完成稀疏信号的重建工作。贪婪算法通过迭代逐步逼近信号系数和稀疏信号的支撑集,当每次迭代中找出的支撑集不再发生变化或误差不再变化,即满足收敛条件时,重建步骤结束。一些贪婪算法理论上具有与基于凸集优化类算法同样的收敛性和重建表现。事实上,一些复杂的贪婪算法与 ℓ_1 范数最小化方法在重建效果上有着惊人的相似性，然而关于这两类方法收敛性的证明则截然不同。本质上，有些贪婪算法可以直接被理解为由 Donoho 等提出的信息传递方法(message-passing algorithms)[30]。

5.4 组合算法

除了基于凸集优化算法和贪婪算法，还有一类组合的稀疏信号重建算法。这类算法大多是由统计学、计算机科学等领域的专家开发出来用于解决稀疏信号重建问题的，需要指出的是，这些方法大多早于压缩感知理论被提出来。

5.4.1 问题描述

最古老的组合算法是由组测试演变而来的[31-33]。给定 N 个总数，需要辨识其中有一个未知的包含 K 个元素的子集，如何通过一定的方法来确定这个子集的问题就是组测试问题。例如，希望在工业领域中找出并确定不合格产品，或在医疗领域找出受感染组织样本中的某一个子集。在这两种情况下，长度为 N 的矢量 x 中包含 K 个非零元素，也就是说，已知 K 个非零元素 $x_i\neq 0$，但是其中非零元素的位置分布未知。目标是设计一种测试方法，通过最少的测试次数来鉴别出非零元素所在的位置。最简单实用的方法是在这些测试中，把测试表示成一个二进制矩阵 Φ，其中它的元素 $\phi_{i,j}=1$ 表示在第 j 次测试中，第 i 个元素被选用。正如前面介绍的那样，如果输出和输入信号是一种线性关系，则重建目标稀疏矢量 x 的问题就可以转化为标准的压缩感知稀疏重建问题。

另一个被证实组合算法有效的领域是网络数据流的计算[34,35]。假设 x_i 表示通过一个网络节点以 i 为目的地的数据包的个数。直接存储矢量 x 通常是不现实的，因为潜在目的地的总数可能有 $N=2^{32}$ 个(假设使用 IPv4)，但是可以存储 $y=\Phi x$，其中 Φ 是一个 $M\ll N$ 的 $M\times N$ 的矩阵。这种情况下，矢量 y 经常被称为 sketch，以网络拥塞的情况为例，通常不会直接监测 x_i，而是监测 x_i 的增量，所以在每次获得 x_i 的增量时，基于 $y=\Phi x$ 的线性关系，可以循环更新 y。在网络拥塞是由少数几个目的地的数据包暴增引起的情况下，矢量 x 就是一个可以被压缩的或稀疏的信号，同时由于 $y=\Phi x$ 是一种线性关系，因而从 sketch 数据 y 重建矢量 x 的过程同样可以归结为标准的压缩感知稀疏重建问题。由于使用 sketch 不仅能发现网络拥塞异常，而且还具有存储空间小的特点，同时数据更新时间与数据量的大小呈线性关系的特点，这些特点就决定了组合算法可以为实时网络监控提供一条新的途径。

文献[34]和[35]表明，近年来许多用于稀疏性信号重建的组合算法被开发出来，如随机傅里叶采样方法[36]、稀疏序列匹配追踪方法[37]等。这里只描述两个简单的方法：计数-最小略图法（count-min sketch）[38]和计数-中值略图法(count-median sketch)。

5.4.2 计数-最小略图法

定义 H 表示所有离散值函数 $h:\{1,\cdots,N\}\rightarrow\{1,\cdots,m\}$ 的集合，H 是一个有限集合，它的大小为 m^N。H 中每一个函数 h 可以通过一个大小为 $m\times N$ 的二进制矩阵 $\Phi(h)$ 来表示，其中每一列都是一个二进制矢量，每一列仅在位置 $j=h(i)$ 包含一个 1。为了构建完整的采样矩阵 Φ，可以服从均匀分布地从 H 中独立选取 d 个函数 $h_1,\cdots,h_d$，把它们的二进制矩阵垂直堆叠形成一个大小为 $M\times N$ 的矩阵，该矩阵即为 Φ，并且其每列均有 d 个 1，其中 $M=md$。

针对已知任意信号 x，我们获取线性测量值 $y=\Phi x$。根据下面的两个特性，很容易得到对测量值的一个直观认识。首先，作为测量值矢量的 y 很容易根据母二进制函数 $h_1,\cdots,h_d$ 得到分组的形式；其次，针对测量矢量 y 的第 i 个系数 y_i 与母函数 h 有关，即

$$y_i=\sum_{j:h(j)=i}x_j$$

换言之，对于一个固定的信号系数 j，每个测量值 y_i 都由函数 h 把 x_j 以汇总的形式映射到相同的 i 上。信号重建的目标就是从这些汇总后的观察值 y_i 中，恢复出原始的信号值 x_j。

当原始信号是正数的时候，计数-最小略图法是非常有用的。已知测量值 y 和上面介绍的采样矩阵 Φ，重建目标信号的第 j 个系数 $\hat{x}_j$ 可

以由下式完成：

$$\hat{x}_j = \min_l y_i : h_l(j) = i \tag{5.16}$$

直观来说，这就意味着重建目标信号的第 j 个系数 $\hat{x}_j$ 可以通过从所有可能有 x_j 介入而形成的测量值中，找出幅值最小的一个观测值作为 $\hat{x}_j$。这种方法最明显的特点就是简单高效。

5.4.3　计数-中值略图法

计数-最小略图法针对的信号只是考虑了非负信号，而当目标信号有可能是负数时，计数-最小略图法就不适用了，这时就需要考虑计数-中值略图法，这次不是取幅值最小的一个观测值作为 $\hat{x}_j$，而是取中值，因为对于一个普通信号，其他的 x 对 y 的影响可能是正的也可能是负的，中值最有可能是原始信号的值。已知测量值 y 和上面介绍的采样矩阵 Φ，重建目标信号的第 j 个系数 $\hat{x}_j$ 可以由下式完成：

$$\hat{x}_j = \underset{l}{\text{median}}\, y_i : h_l(j) = i \tag{5.17}$$

计数-中值略图法类似于计数-最小略图法，只是重建失败的概率常数略有不同。与前面介绍的凸集优化类算法和贪婪算法对噪声有一定的容忍度不同的是，无论计数-最小略图法还是计数-中值略图法，都要求测量值必须是没有噪声干扰的。

尽管最终的目的都是基于少数线性测量值重建出稀疏信号，但是这类组合算法的应用背景与前面介绍的压缩感知重建略有不同。首先，这类组合算法的应用背景是假设测量矩阵是完全可以被设计的，因而为了减少重建过程的计算量，可以很自由地选取测量矩阵 Φ。例如，有些时候把测量矩阵 Φ 设计成只包含较少个数非零值是很有用的，即测量矩阵本身就是稀疏的[39-41]。这种额外的自由度，就使得很多超级快速算法应运而生[36,38,42,43]。与此相对比的是，凸集优化类算法和贪婪算法几乎针对任何测量矩阵都有不错的表现，当然，前提条件是大多情况下都需要精细地构建测量矩阵，进而使得测量矩阵满足基本的条件，如约束等距特性(RIP)。其次，需要指出的是，前面介绍的凸集优化类算法和贪婪算法的计算复杂度至少都是与目标信号的维数 N 呈线性的关系，为了重建目标信号 x，至少都需要一些计算量消耗在读入读出长度为 N 的目标信号 x 上。在很多压缩感知的框架下，这种计算量通常不是问题，然而当 N 特别大时，正如网络监控等应用中，这种计算量通常是巨大的也是不太现实的。在这种情况下，需要一些计算复杂度仅与目标信号的稀疏性即 K 呈线性关系的重建算法，而重建算法返回的也不再是完整的目标信号 x，而是返回 K 个最大的非零元素和相应的位置信息。对这类算法感兴趣的读者可以参考文献[36]和[43]。

5.5 贝叶斯方法

5.5.1 问题描述

到目前为止，一直在已知信号模型的前提下讨论信号重建问题，即信号是确定的或知道信号是属于某一个已知的集合中。在这一节要考虑引入非确定性因素到信号本身，即考虑一个概率分布已知的稀疏或可压缩信号。可以假定信号中的元素来自于突出稀疏特性的先验概率分布，并且从随机测量中重建那些符合此概率分布的非零元素。基于这种假设的重建方法被称为稀疏重建的贝叶斯方法。

与前面几节所讨论的在常规压缩感知中广为采用的稀疏重建方法不同，在接下来所要介绍的方法中，没有一种方法能够基于一定数量的测量值无失真地重建原始目标信号，其原因是在贝叶斯信号建模的框架下，没有一个很确切的关于“无失真”或“重建误差”的概念。然而，这些方法对更多类别的信号重建算法开发提供了一些有益的思考，并且可能具有一些实际用途。

5.5.2 基于信任扩散的稀疏重建方法

了解信号的概率分布具有重要的实际意义。在许多的应用中，我们感兴趣的信号通常可以被描述为可压缩的，这与严格稀疏的信号不同。可压缩信号的概率分布通常是重尾的(heavy-tailed)，这种重尾分布通常可以用双状态高斯混合分布(two-state Gaussian mixture distribution)描述。信号的每个元素值可以从“大”或者“小”两种状态取值。

假设信号中的各个元素是独立同分布的,可以证明信号元素取小值比取大值更加频繁。除了双状态高斯混合分布,其他的一些重尾分布函数也同样适用于描述稀疏信号中的元素,如拉普拉斯分布。这种重尾分布广泛应用于基于贝叶斯推理的稀疏主分量分析[44]中。

最终目的是从给定的 Φ 和 y 中估计出信号 x。这个估计过程具有贝叶斯推理的形式,主要是求出在给定 y_i 信号下 x_i 的边缘条件概率。据此,就可以得出信号的最大似然估计(maximum likelihood estimate, MLE),或者最大后验概率估计(maximum a posteriori, MAP)。这个推理过程实际上是一个参数优化过程,因而可以用各种方法来求解,如比较流行的信任扩散(belief propagation)算法[45]。尽管基于任意图模型的确切推理是 NP 难题,但是当 Φ 足够稀疏的情况下,即 Φ 中很多的元素为零,还是可以使用信任扩散算法近似求解。使用信任扩散重建与低密度奇偶校验(low density parity check, LDPC)有着紧密的联系,其原因是稀疏重建的模型也可以表示为一个二分图。如果测量矩阵本身是稀疏的,即矩阵 Φ 中有许多零元素,那么 LDPC 的求解过程(基于信任扩散的方法)就可以用于解决稀疏重建问题[45]。

5.5.3　稀疏贝叶斯学习

另外一种基于概率模型用于估计出信号各分量的方法是相关向量机方法(relevance vector machines, RVM)[46]。相关向量机方法本质上是一种贝叶斯学习的方法。这种方法能够产生稀疏的分类结果,其机理是从很多待选的基函数中选择少数几个,用它们的线性组合作为分类函数来达到分类的目的。从压缩感知的角度出发,可以将其视为一种确定稀疏信号中分量的方法,这种信号给一些基函数提供不同的权重,而这些基函数就是测量矩阵 Φ 中的列向量。

RVM 使用几个层次的先验概率模型:首先,假设 x 的每个分量都独立并且服从均值为零方差待定的高斯分布,即

$$p(x_i|\alpha_i)=\mathcal{N}(x_i|0,\alpha_i^{-1})$$

其中,$\mathcal{N}(x|m,\sigma^2)$表示随机变量 x 服从均值为 m、方差为 σ^2 的高斯分布,从而有

$$p(x \mid \alpha) = \prod_{i=1}^{N} \mathcal{N}(x_i \mid 0, \alpha_i^{-1}) \tag{5.18}$$

其中，$\alpha = [\alpha_1, \alpha_2, \cdots, \alpha_N]$。然后再假设高斯分布中方差的逆（也就是 α）也独立并且服从参数为 a、b 的伽玛分布（Gamma distribution）

$$p(\alpha \mid a,b) = \prod_{i=1}^{N} \text{Gamma}(\alpha_i \mid a,b) \tag{5.19}$$

其中，$\text{Gamma}(\alpha_i \mid a,b) = \alpha_i^{a-1}\ \mathrm{e}^{-\alpha_i b}\Gamma(a)^{-1}b^a$，并且 $\Gamma(a) = \int_0^{\infty} t^{a-1}\mathrm{e}^{-t}\mathrm{d}t$。由此，方差的逆控制赋予某个分量的权重，通过使用贝叶斯推理，可以得到在给定参数 a 和 b 的条件下，x 的边缘分布是一个未标准化学生氏分布（non-standardized student-t distribution），即

$$p(x_i \mid a,b) = \int p(x_i \mid \alpha_i) p(\alpha_i \mid a,b) \mathrm{d}\,\alpha_i = \frac{b^a \Gamma\left(a + \frac{1}{2}\right)}{(2\pi)^{\frac{1}{2}}\Gamma(a)} \left(b + \frac{x_i^2}{2}\right)^{-\left(a+\frac{1}{2}\right)} \tag{5.20}$$

未标准化的学生氏分布是由通过拉伸平移服从标准的学生氏分布的随机变量得来的。标准化的学生氏分布为

$$p(t|\nu) = \frac{\Gamma\left(\frac{\nu+1}{2}\right)}{\sqrt{\nu\pi}\,\Gamma\left(\frac{\nu}{2}\right)} \left(1 + \frac{t^2}{2}\right)^{-\frac{\nu+1}{2}} \tag{5.21}$$

随机变量 $r = \mu + st$ 的分布就是未标准化学生氏分布：

$$p(r|\nu,\mu,s) = \frac{\Gamma\left(\frac{\nu+1}{2}\right)}{s\sqrt{\nu\pi}\,\Gamma\left(\frac{\nu}{2}\right)} \left(1 + \frac{(r-\mu)^2}{\nu s^2}\right)^{-\frac{\nu+1}{2}} \tag{5.22}$$

注意，在以上的讨论中混用了随机变量和随机变量的取值以简化描述。可以看到，x 的边缘分布就是参数为 $\mu = 0$、$\nu = 2a$ 和 $s = \sqrt{b/a}$ 的未标准化学生氏分布。我们知道，学生氏分布能够促进稀疏性的产生。如果假定误差服从均值为零方差为 σ^2 的高斯分布，也就是

$$y = \Phi x + \varepsilon, \quad \varepsilon \sim \mathcal{N}(0, \sigma^2) \tag{5.23}$$

给定测量值 y，可以通过贝叶斯推理结合使用各种迭代算法来获得 x 的后验概率分布。

5.5.4　贝叶斯压缩感知

我们可以从 RVM 模型出发来考虑贝叶斯压缩感知(Beyasian compressive sensing,BCS)[46]。对于给定观察值 y,可以通过将 y 给定 x 的概率分布对 x 积分直接求出其边缘对数似然率(marginal log likelihood),进而使用 EM 算法求解各个参数[47]。由式(5.23),可以得到

$$p(y|x,\alpha,\sigma^2)=\mathcal{N}(y-\Phi x,\sigma^2 I) \tag{5.24}$$

其中,I 为大小适合(在这里是 $N\times N$)的单位阵。那么通过使用贝叶斯推理,可以得到

$$\begin{aligned}p(y\mid\alpha,\sigma^2)&=\int p(y\mid x,\sigma^2)p(x\mid\alpha)\mathrm{d}x\\&=(2\pi)^{-N/2}\left|\sigma^2 I+\Phi A^{-1}\Phi^{\mathrm{T}}\right|^{-1/2}\\&\quad\exp\left[-\frac{1}{2}y^{\mathrm{T}}(\sigma^2 I+\Phi A^{-1}\Phi^{\mathrm{T}})^{-1}y\right]\end{aligned} \tag{5.25}$$

其中,A 是一个对角矩阵,其对角线上的元素由 α 组成。由式(5.25)可见,这个过程需要对一个 $N\times N$ 的矩阵求逆,因而算法复杂度是 $O(N^3)$。被称为快速边缘似然率最大化的方法(fast marginal likelihood maximization)可以将复杂度降低到 $O(NM^2)$,它的基函数被顺序地加入或删除,因此是一种渐进式的模型构造法,并且极大地利用了目标信号的稀疏性。该方法被使用到贝叶斯压缩感知中,进而高效地解决 x 的后验概率模型。

贝叶斯压缩感知的一个优点是它可以对所估计的信号的每一个分量提供一个置信区间。这使我们能够知道该估计是否准确,例如,太大的置信区间说明这个估计可能不是十分可靠。理想情况下,希望得到一个估计值,同时其置信区间很小。这个置信区间还可以用来自适应地选择线性投影,即测量矩阵 Φ 中的行,以降低对信号估计中的不确定性。这就为我们提供了一个非常有趣、可以将压缩感知和机器学习连接起来的桥梁,并吸引广大机器学习者投身于压缩感知领域的研究。

参考文献

[1] http://nuit-blancheblogspotcom.

[2] Boyd S P, Vandenberghe L. Convex Optimization [M]. Cambridge: Cambridge University

Press, 2004.

[3] Eldar Y C, Kutyniok G. Compressed Sensing: Theory and Applications [M]. Cambridge: Cambridge University Press, 2012.

[4] Bect J, Blanc-Féraud L, Aubert G, et al. A ℓ_1-unified variational framework for image restoration [M]. New York: Springer, 2004: 1-13.

[5] Figueiredo M A, Nowak R D. An EM algorithm for wavelet-based image restoration [J]. IEEE Transactions on Image Processing, 2003, 12: 906-916.

[6] Nowak R D, Figueiredo M A. Fast wavelet-based image deconvolution using the EM algorithm[C]. Conference Record of the Thirty-Fifth Asilomar Conference on Proceedings of the Signals, Systems and Computers, 2001.

[7] Combettes P L, Pesquet J C. Proximal thresholding algorithm for minimization over orthonormal bases [J]. SIAM Journal on Optimization, 2007, 18: 1351-1376.

[8] Daubechies I, Defrise M, De Mol C. An iterative thresholding algorithm for linear inverse problems with a sparsity constraint [J]. Communications on Pure and Applied Mathematics, 2004, 57: 1413-1457.

[9] Elad M. Why simple shrinkage is still relevant for redundant representations? [J]. IEEE Transactions on Information Theory, 2006, 52: 5559-5569.

[10] Elad M, Matalon B, Shtok J, et al. A wide-angle view at iterated shrinkage algorithms [C]. Optical Engineering+ Applications, International Society for Optics and Photonics, 2007: 670102-19.

[11] Hale E T, Yin W, Zhang Y. A fixed-point continuation method for I_1-regularized minimization with applications to compressed sensing [J]. CAAM TR07-07, Rice University, 2007, 43: 44.

[12] Wright S J, Nowak R D, Figueiredo M A. Sparse reconstruction by separable approximation [J]. IEEE Transactions on Signal Processing, 2009, 57: 2479-2493.

[13] Donoho D L. De-noising by soft-thresholding [J]. IEEE Transactions on Information Theory, 1995, 41: 613-627.

[14] Figueiredo M A, Nowak R D, Wright S J. Gradient projection for sparse reconstruction: Application to compressed sensing and other inverse problems [J]. IEEE Journal of Selected Topics in Signal Processing, 2007, 1: 586-597.

[15] Elad M, Matalon B, Zibulevsky M. Coordinate and subspace optimization methods for linear least squares with non-quadratic regularization [J]. Applied and Computational Harmonic Analysis, 2007, 23: 346-367.

[16] Osher S, Burger M, Goldfarb D, et al. An iterative regularization method for total variation-based image restoration [J]. Multiscale Modeling & Simulation, 2005, 4: 460-489.

[17] Yin W, Osher S, Goldfarb D, et al. Bregman iterative algorithms for ℓ_1-minimization with

applications to compressed sensing [J]. SIAM Journal on Imaging Sciences, 2008, 1: 143-168.

[18] Mallat S G. A Wavelet Tour of Signal Processing [M]. Waltham: Academic Press, 1999.

[19] Mallat S G, Zhang Z. Matching pursuits with time-frequency dictionaries [J]. IEEE Transactions on Signal Processing, 1993, 41: 3397-3415.

[20] Högbom J. Aperture synthesis with a non-regular distribution of interferometer baselines [J]. Astronomy and Astrophysics Supplement Series, 1974, 15: 417.

[21] Pati Y C, Rezaiifar R, Krishnaprasad P. Orthogonal matching pursuit: Recursive function approximation with applications to wavelet decomposition[C]. Signals, Systems and Computers, 1993 Conference Record of The Twenty-Seventh Asilomar Conference on, 1993: 40-44.

[22] Tropp J, Gilbert A C. Signal recovery from random measurement via orthogonal matching pursuit [J]. IEEE Transactions on Information Theory, 2007, 53: 4655-4666.

[23] Donoho D L, Tsaig Y, Drori I, et al. Sparse solution of underdetermined systems of linear equations by stagewise orthogonal matching pursuit [J]. IEEE Transactions on Information Theory, 2012, 58: 1094-1121.

[24] Needell D, Vershynin R. Uniform uncertainty principle and signal recovery via regularized orthogonal matching pursuit [J]. Foundations of Computational Mathematics, 2009, 9: 317-334.

[25] Needell D, Vershynin R. Signal recovery from incomplete and inaccurate measurements via regularized orthogonal matching pursuit [J]. IEEE Journal of Selected Topics in Signal Processing, 2010, 4: 310-316.

[26] Needell D, Tropp J A. CoSaMP: Iterative signal recovery from incomplete and inaccurate samples [J]. Applied and Computational Harmonic Analysis, 2009, 26: 301-321.

[27] Dai W, Milenkovic O. Subspace pursuit for compressive sensing signal reconstruction [J]. IEEE Transactions on Information Theory, 2009, 55: 2230-2249.

[28] Blumensath T, Davies M E. Iterative hard thresholding for compressed sensing [J]. Applied and Computational Harmonic Analysis, 2009, 27: 265-274.

[29] Dai W, Milenkovic O. Subspace pursuit for compressive sensing signal reconstruction[J]. IEEE Transactions on Information Theory, 2009, 55: 2230-2249.

[30] Donoho D L, Maleki A, Montanari A. Message-passing algorithms for compressed sensing [J]. Proceedings of the National Academy of Sciences, 2009, 106: 18914-18919.

[31] Kainkaryam R M, Bruex A, Gilbert A C, et al. PoolMC: Smart pooling of mRNA samples in microarray experiments [J]. BMC Bioinformatics, 2010, 11: 299.

[32] Erlich Y, Shental N, Amir A, et al. Compressed sensing approach for high throughput carrier screen[C]. Communication, Control, and Computing, 47th Annual Allerton Con-

ference on, 2009:539-544.

[33] Shental N, Amir A, Zuk O. Identification of rare alleles and their carriers using compressed se(que)nsing [J]. Nucleic Acids Research, 2010, 38: e179.

[34] Muthukrishnan S. Data Streams: Algorithms and applications [M]. New York:Now Publishers, 2005.

[35] Cormode G, Hadjieleftheriou M. Finding the frequent items in streams of data [J]. Communications of the ACM, 2009, 52: 97-105.

[36] Gilbert A C, Strauss M J, Tropp J A, et al. One sketch for all: Fast algorithms for compressed sensing[C]. Proceedings of the thirty-ninth annual ACM symposium on Theory of computing, 2007:237-246.

[37] Berinde R, Indyk P. Sequential sparse matching pursuit[C]. Communication, Control, and Computing, 47th Annual Allerton Conference on, 2009:36-43.

[38] Cormode G, Muthukrishnan S. An improved data stream summary: The count-min sketch and its applications [J]. Journal of Algorithms, 2005, 55: 58-75.

[39] Jafarpour S, Xu W, Hassibi B, et al. Efficient and robust compressed sensing using optimized expander graphs [J]. IEEE Transactions on Information Theory, 2009, 55: 4299-4308.

[40] Gilbert A, Indyk P. Sparse recovery using sparse matrices [J]. Proceedings of the IEEE, 2010, 98: 937-947.

[41] Sarvotham S, Baron D, Baraniuk R G. Sudocodes fast measurement and reconstruction of sparse signals[C]. Information Theory, 2006 IEEE International Symposium on, 2006: 2804-2808.

[42] Charikar M, Chen K, Farach-Colton M. Finding frequent items in data streams [A]// Automata, Languages and Programming[M]. New York: Springer, 2002: 693-703.

[43] Gilbert A C, Li Y, Porat E, et al. Approximate sparse recovery: Optimizing time and measurements [J]. SIAM Journal on Computing, 2012, 41: 436-453.

[44] Gao J, Kwan P, Guo Y. Robust multivariate ℓ_1 principal component analysis and its application in dimensionality reduction [J]. Neurocomputing, 2009, 72: 1242-1249.

[45] Baron D, Sarvotham S, Baraniuk R G. Bayesian compressive sensing via belief propagation [J]. IEEE Trasactions on Signal Processing, 2006, 58(1):269-280.

[46] Ji S, Xue Y, Carin L. Bayesian compressive sensing [J]. IEEE Transactions on Signal Prooessing, 2008, 56(6):2346-2356.

[47] Tipping M E. Sparse Bayesian learning and the relevance vector machine [J]. The Journal of Machine Learning Research, 2001, 1: 211-244.

第 6 章　稀疏编码与字典学习

这里讨论一个与压缩感知息息相关的话题，就是所谓的稀疏编码。这个方法源自一个类似于压缩感知的观察，即我们所见的某类信号大多是由少数几个基本原子信号的加权组合而成的，正如第 2 章所述，当原子信号的数目较多时，如果利用所有原子信号对某给定信号做回归分析，则基于前面的观察，已知权重向量中只有少数几个元素为非零，这时就很自然地引入了稀疏性。通常对于给定的一系列信号，并不知道其原子信号是什么，也不知道每个信号中原子信号的权重是多少。唯一知道的就是前面所述的每个信号都是原子信号的稀疏表达。我们的任务是估计出原子信号及其权重，这就是压缩编码和字典学习的首要任务。

这里需要指出的是，字典学习是计算统计以及机器学习中的核心问题之一。虽然各个领域对此有着不同的称呼，但是基本思想都是一致的，就是寻找信号中的不变量，即原子信号。早期的字典学习有着不同的形式及名称，如主分量分析（principal component analysis, PCA）[1]，早在压缩感知甚至是稀疏性提出之前就已经有着广泛的研究及应用。稀疏编码与字典学习的结合源自稀疏算法的提出以及应运而生的大量优化算法，也基本上与压缩感知的发展处于同一时代。大量的研究成果及文献表明，这二者的结合促进了字典学习理论的快速发展，并且在众多领域有着广泛的应用前景。因此二者已经捆绑在一起，这一点在随后的讨论中可以清楚地看到。

采用数学模型来描述字典学习，这里将感兴趣的信号限制在实数范围内，以简化对字典学习问题的讨论。设 $y_i \in \mathbb{R}^D$ 是一个维度为 D 的向量，用来表示总计 N 个信号中的第 i 个信号；$A=[a_1,\cdots,a_M]\in\mathbb{R}^{D\times M}$ 表示原子信号矩阵，其中第 i 列是维度为 D 的原子信号；$w_i\in\mathbb{R}^M$ 是一个维度为 M 的向量，用于表示构成矢量 y_i 的原子信号的权重向

量。那么，根据前面的假设，有

$$y_i = A w_i^{\mathrm{T}} + \varepsilon_i, \quad |w_i|_0 \leqslant K, \quad i=1,\cdots,N \tag{6.1}$$

其中，$\varepsilon_i \in \mathbb{R}^D$是来自某个概率分布的未知误差；$|x|_0$是向量$x$的$\ell_0$范数，即非零元素的个数；$K$是一个大于零的正整数。

式(6.1)表达了如下几个非常重要的信息。第一，信号是原子向量的线性组合，所以这里使用的是简单的线性模型。线性模型的优势是简单、容易理解和易操作，但是缺点也很明显，如果数据本身有非线性因素，将导致线性模型不能很好地描述其本质。但是并未对信号所在空间进行任何限定，所以要想引入非线性成分，可以将信号转换到某个特征空间中，如使用某些非线性转换多项式变换等，然后在这个特征空间中使用线性模型。这种做法类似于统计学中的广义线性模型[2]以及机器学习中的核方法[3]，包括备受关注的支持向量机(support vector machine，SVM)[4]等，感兴趣的读者可以参见相关文献。关于线性模型的讨论不胜枚举，关于线性模型的论文、专著依然层出不穷。即便非线性模型在数学、统计以及计算机科学领域的研究已经相当广泛和深入，在许多应用研究领域，如气候模型(大气、洋流等)、环境科学、材料科学、地质与采矿等方面仍然青睐简单的线性模型。究其原因可以发现，线性模型的生命力来源于其简单性、易理解性以及可视化的特点。对于线性模型中的每个分量都可以有很直观的理解，尤其是当信号本身具有很强的物理意义时。例如，当输入信号是不同的人脸图像时，原子信号可能是不同的脸部特征，如眉毛、眼睛等，权重则是这些脸部特征的表达程度，这样的解释就非常直观，给人们更大的想象和发展的空间。相对而言，非线性模型则比较晦涩难懂，即便是其结构看似简单(在绝大多数情况下非线性模型结构相当复杂)，例如，相对简单的参数化的非线性模型，也很难掌握非线性转换的过程到底是怎样的，更不用说采用高维空间和非参数化模型所带来的更多复杂性。在机器学习的降维(dimensionality reduction，DR)[5,6]研究领域，曾经有学者做过一个将所有基于线性模型和非线性模型降维方法的比较，其结果显示线性模型的降维方法并不是最好的，但是在最有效的方法中，基于线性模型的方法占有相当大的比例。非线性模型的方法并非具有绝对优势，而且为了提高一点点的精度常常需要付出巨大计算代价。因此当面对一个全新的数据分析问题时，总是会自然地考虑采用最简单有效的方法，即便这种方法不是那么完美。正如一位著名的统计学家所说的，所有的模型都是错误的，但是少数是有用的（“All models are wrong, but some are useful.”——George E. P. Box）。这里涉及一个方法论的问题，不妨借此延伸。当前在人工智能领域，尤其是计算智能领域，有一种理念就是利用简单的算法构建复杂的系统，被称为层次模型（hierarchical model）[7,8]在这种塔式模型的最底端是非常简单的线性模型，它们被加权综合到上层，然后再依次递推到最上层以实现非常复杂的智能任务，如人脸识别等。这样做不仅可以确保计算上的简单性，而且还有很好的灵活性、可控性和可复制性，因而不失为推动科学研究发展的一种有效途径。

第二，非确定性是由误差项 ε_i 来体现的。我们并未假设这个误差来自何种概率分布。一种比较自然的，而且在许多场合中最适用的假设是高斯分布。如果希望原子信号是非相关的，并且假设误差分布是均值为零方差为单位矩阵的多维高斯分布，便得到了 PCA 的模型。从这里可以引出相当多的讨论，如选取什么样的误差分布可以获得不同性质的结果等，其中讨论得比较多的是鲁棒性。例如，研究者发现高斯分布的概度集中在其均值附近，随着与均值之间的距离增大，概率衰减的速度加快，这就是所谓的“light tail”现象，直观上来讲就是概率分布的尾巴很轻（概率分布函数拖尾部分的值很小）。这样导致的问题是如果有一个信号遭受比较大的噪声干扰，就会远离其他绝大部分信号，即远离均值。在这种情况下，该模型将认为这应该是不大可能发生的（因为概率很小），因而整个模型会向这个被噪声污染的信号方向偏移以增大其概率，也就是给予该信号以较多的考虑，这将导致该模型对噪声敏感。一个解决办法就是选取“heavy tail”的概率分布，如学生氏分布、拉普拉斯分布等来自于指数簇（exponential family），具备 heavy tail 的分布（这样选取的目的是保证计算上的可行性），从而提高模型对噪声的鲁棒性，即降低对噪声的敏感性。自从 20 世纪末关于这方面的研究就一直非常活跃，称为鲁棒主分量分析（robust PCA, RPCA），参见文献

[9]~[11]。需要指出的是实现 RPCA 的方法有许多,选取 heavy tail 误差概率分布模型只是其中的一种,还有一种非常有趣的方法是基于矩阵的低秩稀疏分解,其简称恰好也为 RPCA[12],但是其实现方法与前述鲁棒主分量分析不尽相同,也许其作者认为他们的方法就是统一了所有的鲁棒主分量分析方法。关于这方面过多的讨论超出了本章的范围,所以不深入这个主题,感兴趣的读者可以参考上述文献。再回到线性模型的非确定性上来,其实并非限定非确定性一定是由误差项引起的。如果延伸一下,可以假设非确定性是由原子信号的权重带来的,甚至是从原子信号本身带来的,这样会让模型的实现变得相当复杂。不得不使用贝叶斯推理、马尔可夫链蒙特卡罗(MCMC)、变分贝叶斯(variational Bayes)等方法,带来的好处是可以实现在线学习、模型自修正等。

第三,原子信号的权重向量 w_i 是 K 稀疏的,这是由 $|w_i|_0 \leqslant K$ 表达的。它体现的是本章开篇提到的假设,即我们感兴趣的信号由少数几个原子信号组成。这个假设在很多情况下是合理的。举例来说,在光谱地质学研究领域,每种矿物如白云母、高岭石等都有其特定的特征光谱。可以对所有的已知矿物建立一个光谱库,该光谱库可以包含多达上百种矿物的光谱。自然界中的岩石一定是由少数几种矿物混合而成的。当把某岩石样本放在光谱仪下扫描(其工作方式类似于数码相机)时,得到各个像素(可以精细到每像素 2mm×2mm)的光谱,可以看出每条光谱是由少数几个光谱库中的特征光谱组成的,从而推知该岩石样本是由什么矿物组成的。无须对稀疏性做过多的解释,想必读者从第 2 章也能有所了解。这里值得指出的是,稀疏性假设并非在字典学习中是不可或缺的。在统计学领域里,有一个研究方向为盲源分离(blind source separation,BSS)[13],其典型算法是独立成分分析(independent component analysis,ICA)[14]和因素分析(factor analysis,FA)[15]。它们的基础都是线性模型,而且都没有稀疏性假设,所以有时候这些盲源分离的方法也被归到字典学习范畴。大可不必对各种方法的名称、归类等过于纠结,而是要注重其本质。可以简单认为式(6.1)中描述的是一个带有稀疏性限制条件的线性模型。不同的方法只是出发点、侧重

点不同,有不同的限制条件。注意在这里同样使用的是 ℓ_0 范数,即向量中非零元素的个数。从对压缩感知信号重建算法的讨论知道,一旦采用 ℓ_0 范数,则绝大多数情况下将面临 NP 难题。要想寻找最优解,唯一的方法就是穷举,但是计算量与数据量呈几何级数增长。为了快速得到一个可以接受的解,必须使用近似算法或者启发式贪婪算法等诸如跟踪匹配及其变形等方法(详见第 5 章),在后续的讨论中将会看到,基于压缩感知的重建算法在这里同样有巨大的应用潜力。

字典学习的最终任务是从许多信号中推知原子信号以及各个信号的原子信号权重。为了方便后面的讨论,将式(6.1)表达为矩阵形式:

$$Y=AW+E,\quad |w_i|_0\leqslant K,\quad i=1,\cdots,N \tag{6.2}$$

其中,$Y=[y_1,\cdots,y_N]$,$W=[w_1,\cdots,w_N]$,$E=[\varepsilon_1,\cdots,\varepsilon_N]$。一言以蔽之,字典学习的目的是从数据矩阵 Y 中学习,即求解 A 和 W。

这里简单介绍字典学习与压缩感知的区别,因为二者看上去十分相似。压缩感知的出发点是已知待测信号是稀疏的,设计测量矩阵而得到测量值,从测量值中推出待测信号。所以在压缩感知的框架中已知测量矩阵和测量值,未知参数只有一个,即待测信号,而且待测信号只有一个样本。然而在字典学习中,仅仅知道众多观测信号,而未知参数却有两个,即原子信号矩阵 A 及权重矩阵 W,并且需要考虑的是多样本。由此可见,字典学习是一个更为困难的问题,其求解过程更为复杂。

为了让复杂的问题稍微简单一点,这里将首先忽略稀疏性假设,而只把注意力集中到字典学习上来。在对字典学习的深入理解之后,将会发现稀疏编码无非只是字典学习这个大课题中的冰山一角。

6.1　字典学习与矩阵分解

这里集中讨论字典学习问题。忽略稀疏性假设,则式(6.2)就具有下述的简单形式:

$$Y\approx AW \tag{6.3}$$

在此甚至忽略了噪声项以尽力求简。在式(6.3)中,已知量是 Y,即众多信号观察值,而 A 和 W 都是待求的,源自信号矩阵和权重矩阵。对矩阵分析或线性代数比较熟悉的读者可以很快发现,式(6.3)就是一个矩阵分解,或者说得更具体一点,就是一个矩阵的乘式分解(multiplicative decomposition)①。同时可以马上联想到矩阵分解(matrix factorisation)方法,如奇异值分解(singular value decomposition,SVD)、舒尔分解(QR 分解)、酉矩阵分解和 LU 分解(Choleschy decomposition)[16]等成为式(6.3)的备选解决方案。例如,可以利用 SVD 将 Y 写为

$$Y=UDV^{\mathrm{T}} \tag{6.4}$$

其中,$U\in\mathbb{R}^{D\times D}$是一个包含正交单位列向量的矩阵,即

$$u_i^{\mathrm{T}}u_j=\begin{cases}1, & i=j\\ 0, & i\neq j\end{cases}$$

其中,u_i是矩阵 U 的第 i 列。$D\in\mathbb{R}^{D\times N}$是一个非主对角线上的元素为零、主对角线上的元素全部或部分大于零的矩阵,称为矩阵 Y 的奇异值矩阵。因为在绝大多数情况下 D 不等于 N,所以 D 不一定为方阵。在这种情况下,取 D 左上角开始的最大子方阵的对角线为其主对角线。因此

$$d_{ij}\begin{cases}\geqslant 0, & i=j\\ =0, & i\neq j\end{cases}$$

其中,d_{ij}是 D 的第 i 行第 j 列元素,d_{ij}就是矩阵 Y 的第 i 个奇异值。并且如果 $i>j$,有$d_{ii}\geqslant d_{ij}$,也就是在主对角线上的奇异值按降序排列。$V\in\mathbb{R}^{N\times N}$同 U 一样是一个包含正交单位列向量的矩阵。

需要指出的是,矩阵 Y 的秩记为$R(Y)$,小于或等于 $\min\{D,N\}$,即$R(Y)\leqslant\min\{D,N\}$。在 SVD 分解中,知道 U 和 V 都是满秩矩阵,由$R(Y)=R(UDV^{\mathrm{T}})$可以得到,奇异值矩阵 D 中的非零奇异值的个数对应于矩阵 Y 的秩。设$R(Y)=R$,那么可以截掉 SVD 分解中各矩阵中冗余的列,进而有稍微简洁的 SVD 分解矩阵,即 $U\in\mathbb{R}^{D\times R}$,$D\in\mathbb{R}^{R\times R}$,并且 $V\in\mathbb{R}^{N\times R}$,通常称为 skinny SVD。

① 一般而言矩阵分解都是指乘式分解。我们在这里特殊提到乘式分解的目的是与加式分解(additive decomposition)相区别。这两种分解形式都被广泛应用于机器学习领域。例如前面提到的 RPCA 就是一个加式分解的典型例子。

通过比较式(6.4)和式(6.3)可以看到,如果令 $A=U,W=VD^{\mathrm{T}}$,则已经得到了式(6.3)字典学习问题的解,而且这看上去还是一个完美解,因为 $Y=AW^{\mathrm{T}}$。这里还只是列举了 SVD 分解,还有其他矩阵的乘式分解形式也可以得到类似的结果。既然如此,一个很自然的问题就是,还有必要继续研究这个问题吗?回答是肯定的。那么这究竟是因为什么呢?首先来看看式(6.3)字典学习问题的物理意义。本章开篇就提到字典学习的目的是寻找生成所观察到的这些信号的原子信号。那么像前面提到的这些矩阵乘式分解所得到的解能否代表所需要的原子信号呢?熟知的这些矩阵乘式分解一般都是带有隐含附加条件的。举例来说,SVD 中矩阵 U 的列是正交的;QR 分解中同样也要求矩阵 Q 的列是互相正交的,这就意味着原子信号是两两正交的。我们不禁要问,实际情况是这样的吗?如果对这个问题的回答是肯定的,那么真的是很幸运,确实不需要再做下去了,这样的解就行了。但事实却是,对这个问题的回答绝大多数情况下都是否定的。例如,在前面提到的光谱地质学应用领域中,原子信号就是光谱库中的已知矿物光谱,没有任何理由相信这些光谱库中的光谱是两两正交(不相关的)的。事实上它们是高度相关的,甚至有的波段看上去是几乎相同的,只是在少数几个波段有点区别而已。其次要注意在式(6.3)中,所使用的是约等号,而非等号,这样做的目的是告诉大家有误差存在。SVD 给出的解是确切解,也就是不考虑任何误差,所以对信号的重构才是完美的。这样做显然是不符合实际情况的,一个修正措施就是保留几个最重要的奇异值,将那些不重要的奇异值设为零。这就是所谓的截断 SVD(truncated SVD,tSVD)[17]。结合前面提到的矩阵的秩,tSVD 就是寻找给定矩阵的秩为 T 的分解形式。

那么仔细看看 tSVD 方法都做了些什么。前面讨论了 SVD 的奇异值矩阵和被分解矩阵的秩之间的关系,矩阵的秩决定了非零奇异值的个数。重写式(6.4)如下:

$$Y=\sum_{i=1}^{R} d_i u_i v_i^{\mathrm{T}} \tag{6.5}$$

其中,d_i 即矩阵 Y 的第 i 个奇异值,且依次从大到小排列(当 $i>j$ 时,$d_i \geqslant d_j$)。tSVD 保留最大的几个奇异值(设保留 T 个),舍弃其余的奇异值来逼近矩阵 Y:

$$\hat{Y}=\sum_{i=1}^{T} d_i u_i v_i^{\mathrm{T}} \tag{6.6}$$

那么$\hat{Y}$就只是一个估计值。它与原来的矩阵之间的残差 R，即 $Y-\hat{Y}$可以从比较式(6.5)和式(6.6)很快写出来：

$$R=\sum_{i=T+1}^{R} d_i u_i v_i^{\mathrm{T}} \tag{6.7}$$

这样做的意义就是将误差明确地表达出来，也就是式(6.7)中的 R，所以在采用 tSVD 方法给出字典学习的解决方案中，$A=[u_1,\cdots,u_T]$，$W=[d_1v_1,\cdots,d_Tv_T]$。虽然 tSVD 方法还是未能解决原子信号正交的问题，但是其形式还是值得深究的。首先看看式(6.7)中的残差究竟有多大，它在原始信号矩阵 Y 中所占的比例大约是多少。对于这种多维数据，可以采用矩阵的范数来量化它们的大小，如简单的 F 范数(Frobinus norm)，就是矩阵所有元素的平方和，记为

$$\|X\|_{\mathrm{F}}=\sqrt{\mathrm{Tr}(X^{\mathrm{T}}X)}$$

从式(6.4)可以很容易得出

$$\|Y\|_{\mathrm{F}}^{2}=\sum_{i=1}^{R} d_i^2$$

类似地，有 tSVD 的残差的 F 范数

$$\|R\|_{\mathrm{F}}^{2}=\sum_{i=T+1}^{R} d_i^2$$

这样就有

$$\frac{\|R\|_{\mathrm{F}}^{2}}{\|Y\|_{\mathrm{F}}^{2}}=\frac{\sum_{i=T+1}^{R} d_i^2}{\sum_{i=1}^{R} d_i^2}$$

由此可以看到，在 F 范数衡量下的残差与原始信号之间的比例差别完全取决于原始信号矩阵奇异值的平方的分布以及使用多少个最大奇异值(即 T)去重建信号。解决这个问题的方法有很多，其中基于统计量的方法有比较直观的理解。这关系到 SVD 的另一个性质，就是 SVD 与 PCA 的联系。假设信号是经过中心定位的(centering)，就是每个信号都减去了所有信号的均值：

$$\tilde{y}_i = y_i - \bar{y}, \quad \bar{y} = \frac{1}{N}\sum_{i=1}^{N} y_i$$

现在 SVD 是基于 $\tilde{y}_i$ 的，而不是 y_i 的。那么 SVD 中的 U 就是 PCA 中的主向量矩阵，奇异值的平方就是特征值。因为

$$\text{cov}(\widetilde{Y}) = \sum_{i=1}^{N} \tilde{y}_i \tilde{y}_i^{\mathrm{T}} = \widetilde{Y}\widetilde{Y}^{\mathrm{T}}$$

其中，$\text{cov}(\widetilde{Y})$ 是随机变量 $\widetilde{Y}$ 的协方差矩阵。注意，这里混用了随机变量和信号矩阵的符号以简化表述。同时也忽略了协方差矩阵计算中的乘量因子 $\frac{1}{N-1}$ 以简化推导。PCA 就是对随机变量的协方差矩阵做特征分解：

$$\widetilde{Y}\widetilde{Y}^{\mathrm{T}} p_i = \lambda_i p_i, \quad i=1,\cdots,D$$

其中，λ_i 是第 i 大的特征值；p_i 是其对应的特征向量，在 PCA 中被称为第 i 个主分量(principal component，PC)，同时要求

$$p_i^{\mathrm{T}} p_j = \begin{cases} 1, & i=j \\ 0, & i \neq j \end{cases}$$

如果将 $\widetilde{Y}$ 的 SVD 分解式代入上式，可以得到

$$UDD^{\mathrm{T}}U^{\mathrm{T}} p_i = \lambda_i p_i, \quad i=1,\cdots,D$$

取 $p_i = u_i$，上式成立，且 $d_i^2 = \lambda_i$，同时也表明 SVD 中的 u_i 就是 PCA 中的第 i 个主分量。那么 $\widetilde{Y}$ 在第 i 个主分量上的投影的值，也就是所谓的 score 或者 loading，为

$$\widetilde{Y}^{\mathrm{T}} u_i = d_i v_i$$

从上面的推导可以看到，SVD 的 U 矩阵对应 PCA 中的主分量，DV^{T} 就是数据在主分量上的投影值。由此一来，式(6.6)中 tSVD 的逼近实际上就是选取若干个主分量来重构信号数据。这就与 PCA 的降维作用联系在了一起：可以认为数据是在一个由少数几个主分量形成的线性子空间中，由于误差的影响，数据可能会偏离这个子空间；需要寻找的是这个线性子空间轴的个数，即主分量的个数。既然知道了 SVD 与 PCA 之间的关系，可以利用 PCA 中确定主分量个数的方法来确定 tSVD 中的 R(即保留最大奇异值的个数)。一个典型的例子就是设定主分量所解释的方差(variance explained)的阈值 v，通常设定为大

于等于 95%。我们知道 PCA 的目标是寻找一个轴,在这个轴上的数据投影值的方差为最大,也就是数据在这个轴上的变化最为剧烈。这个轴就是第一个主分量。随后主分量的选取与此相同,但需要与前面所有已经找到的主分量保持正交。可以很容易得到数据在各个主分量上的投影值的方差为

$$\mathrm{var}(\widetilde{Y}^{\mathrm{T}}u_i)=u_i^{\mathrm{T}}\widetilde{Y}\,\widetilde{Y}^{\mathrm{T}}u_i=d_i^2 v_i^{\mathrm{T}}v_i=d_i^2=\lambda_i$$

其中,$\mathrm{var}(x)$表示随机变量 x 的方差。同前面一样,混用了随机变量和数据向量的记号,也忽略了方差计算中的乘量因子。从上式知道,数据的协方差矩阵的特征值或者是数据矩阵的奇异值的平方就是各个主分量所解释的方差,那么可以很容易知道究竟需要多少个主分量才可以解释我们所需要的方差,即选定 T 使得下式成立:

$$\frac{\sum_{i=1}^{T}\lambda_i}{\sum_{i=1}^{D}\lambda_i}\geqslant v$$

但是有时数据变化非常缓慢,第一个主分量就可以足够解释 99% 的方差。在这种情况下需要更复杂的策略来确定 tSVD 中的 T,例如,考虑残差的分布以选定合适的统计量来确定 T 的值。这超出了本书的范围,感兴趣的读者可以参阅线性回归模型方面的书籍或文献[18]。

6.2 非负矩阵分解

在 6.1 节的讨论中看到,字典学习的本质就是矩阵分解。这种认识使得可以借用一些矩阵分析中的方法,如 SVD、QR 分解等,但是这些方法暗藏了字典信号必须正交的条件。尽管重建误差问题可以通过选择字典信号个数的方式解决(如 tSVD),但是要求原子信号正交的条件过于苛刻,经常导致这类矩阵分解方法所得到的结果与事实相悖。

基于这种考虑,希望字典学习能够摆脱对于原子信号特征要求过强的限制。首先来回顾一下 tSVD 方法的本质,在 tSVD 中,取数据矩阵 Y 的 SVD 分解中 U 矩阵的与 T 个最大奇异值相关的列作为原子信号矩阵 A,进而知道原子信号矩阵 A 必须正交。可以将这些表达为如

下的优化问题：

$$
\begin{aligned}
&\min_{A\in\mathbb{R}^{D\times M},W\in\mathbb{R}^{M\times N}} \|E\|_{\mathrm{F}}^{2}\\
&\text{s. t.}\quad Y=AW+E\\
&\qquad\quad A^{\mathrm{T}}A=I_M
\end{aligned}
\tag{6.8}
$$

其中，I_M是 $M\times M$ 的单位矩阵。可以看到，tSVD 就是式(6.8)中的一个解。由于在式(6.8)中没有限制 W 的形式，所以式(6.8)可以有无穷多个。任何解的酉变换都是合法解，即假设A^* 和W^* 是一组解，H 是一个 $M\times M$ 的酉矩阵，也就是$H^{\mathrm{T}}H=HH^{\mathrm{T}}=I_M$，那么$A^*H$ 和W^*H 也是式(6.8)的解。

通过将 tSVD 表达为式(6.8)的优化问题，可以很清楚地看到其结构。这里顺带说一下，许多算法的设计其实是由两部分组成的：建模(也就是构造模型)和优化已实现模型。式(6.8)中的第一行是优化问题的目标，第二行就是模型。式(6.8)的写法包含了这二者，比较容易理解，虽然有很多统计学方法的产生不是遵循这种设计方法，但是一般也都能够写成这种模型加优化目标的形式。从式(6.8)可以看到，要去掉对原子信号必须正交的限制，只要简单地去掉式(6.8)中第三行即可，即删掉$A^{\mathrm{T}}A=I_M$的条件。但是这样会带来什么问题呢？确实，去掉限制条件给问题的求解带来了更大的自由度，因此最大的问题就是解空间“太大”。同时也会导致平凡解(trivial solution)的产生，例如，当 $M>D$ 时，可以令 $A=[Y,0]$，这样可以得到 $E=0$，其中 0 是零矩阵。然而这样的解没有任何意义，所以需要对原子信号 A 或者权重矩阵 W 或者二者同时进行适当的限定。

需要指出的是，这里有很大的可供自由发挥的空间，可以增加任意规则来限定解空间，但需要满足两个条件：第一，该限制规则需要具有一定的实际物理意义；第二，优化问题仍然是可解的，或者说其近似解是可以在有限时间内计算得到的。可以充分发挥想象力，根据实际问题提出不同的限定条件，从而使得求解得到的原子信号与实际信号一致或者接近。注意并没有说限制条件是一定要有数学表达的，因为并不排除采用非数学模型的可能。举例来说，可以要求原子信号具备某些特征，例如，对于人脸数据，可以要求原子信号是一些可以构成人脸中各个器官的基本构件，对于字符识别应用中所采用的手写数字图像，可以限定原子信号是各种可能的笔画等。非负矩阵分解(nonnegative matrix factorisation,NMF)[19]就是由此而来的,其限定条件是原子信号和权重矩阵必须是非负的。其逻辑是考虑的信号都是有物理意义的,如数字图像,每个像素是感光器件的电荷积累,必须是非负的。那么生成这些信号的原子信号也必须非负,因为它们也具有物理意义,如图像中人脸各器官的基本构件在感光器件上的成像。同时,权重矩阵也要非负,因为最后的图像是由这些基本构件拼合而成的。不仅在图像上如此,这种非负限定在很多情况下都是有实际意义的,如化学分析、生物信息学等诸多领域。NMF 原文更是以人脑视觉系统中的感受野(receptive field)①为例来说明其适用性。NMF 的一个形式是

$$\begin{aligned}\min_{A\in\mathbb{R}^{D\times M},W\in\mathbb{R}^{M\times N}} \quad & \|E\|_F^2 \\ \text{s.t.} \quad & Y=AW+E \\ & A\geqslant 0 \\ & W\geqslant 0\end{aligned} \tag{6.9}$$

就是将式(6.8)中正交的条件换成了非负的条件,仅此而已。考虑到优化目标的多样化,可以写成更具普适性的形式

$$\begin{aligned}\min_{A\in\mathbb{R}^{D\times M},W\in\mathbb{R}^{M\times N}} \quad & d(Y,AW) \\ \text{s.t.} \quad & Y=AW+E \\ & A\geqslant 0 \\ & W\geqslant 0\end{aligned} \tag{6.10}$$

其中,$d(B,D)$是一个表达矩阵 B 和 D 非相似度(dissimilarity)的函数,例如,可以设置其为

$$d(B,D)=\|B-D\|_F^2 \tag{6.11}$$

即退化为式(6.9)的形式。也可以令其为 KL 散度(Kull-Lebeiler divergence):

$$d(B,D)=\sum_{ij} b_{ij}\ln\frac{b_{ij}}{d_{ij}}-d_{ij}+b_{ij} \tag{6.12}$$

① 一个感觉神经元的感受野是指这个位置里适当的刺激能够引起该神经元反应的区域。感受野一词主要是指听觉系统、本体感觉系统和视觉系统中神经元的一些性质。

其中，b_{ij} 和 d_{ij} 分别是矩阵 B 和 D 的第 i 行、第 j 列的元素。显然在使用 KL 散度时要求 ln 中的数非负，这导致 NMF 在使用这种非相似度函数的时候要求数据矩阵 Y 本身为非负。

求解式(6.10)非常具有挑战性，这也引起了广大学者的兴趣。提出非负矩阵分解的作者又提出了一种所谓的 majorisation-minimisation (MM)方法[20]。其思路其实很简单，就是对于需要最小化的函数 $f(x)$，寻找一个辅助函数(auxiliary function) $g(x,x')$，使得

$$g(x,x')\geqslant f(x)$$

并且 $g(x,x)=f(x)$。可以令 $x'=x_k$，且 x_k 是 x 在第 k 次迭代优化的估计值。由此可以看出，只需要最小化 $g(x,x_k)$，即

$$x_{k+1}=\arg\min_{x} g(x,x_k)$$

就可以得到下一个 x 的估计值。这样做的意义是 $g(x,x_k)$ 应当比 $f(x)$“更容易最小化”。然而寻找合适的 $g(x,x_k)$ 并不是一个简单的问题。有几个问题需要考虑：其一，需要 $g(x,x_k)$ 只是比 $f(x)$ 稍稍大一点，也就是说 $g(x,x_k)$ 是一个 $f(x)$ 非常紧凑的上界；其二，需要同时考虑式(6.10)中非负的限制条件，也就是在非负条件下最小化 $g(x,x_k)$ 不要太复杂，否则 MM 方法将失去意义。幸运的是，针对式(6.11)和式(6.12)中的两个非相似度函数，非负矩阵分解原文中分别提供了两个 $g(x,x_k)$ 以求解式(6.10)。而且由此推导出的所谓的乘式迭代更新(multiplicative update)方程非常简单，并且是逐元素更新的，实现非常简单。

感兴趣的读者可以自己阅读 MM 算法的原文[20]了解其迭代过程。这里需要针对非负矩阵分解指出几点：第一，非负矩阵分解的目标函数式(6.10)是非凸的[21]，也就是说存在许多局部最小解。任何单一的优化算法都面临陷入其中一个局部最小值里的可能。至于是哪一个局部最小，这取决于提供给优化算法的初始值(假设该算法可以找到确切的局部最小)，即根据不同的初始值，可以得到许多不同的解。如果仅运行一次优化算法，则无从评价该解的好坏。而且即使运行许多次，也常常发现每次得到的结果都不尽相同。此时我们需要某种方法来对这些结果进行选择。这就联系到需要指出的第二点，就是 NMF 的解空间还

是很大，面对诸多局部最小解，无从选择孰好孰坏，因为 NMF 的目标函数中并没有区分。由于第一点中提到的非凸性，需要求助于全局搜索方法，如基因算法（genetic algorithm，GA）[22]、粒子群优化（particle swarm optimisation，PSO）[23,24]等，但这些随机优化方法的问题是速度慢，而且并不能百分之百保证可以找到全局最小解。第三，NMF 原文对其提出的迭代算法虽然有收敛性保证，也就是可以保证算法收敛到局部最小，但问题是收敛速度并没有保证，而且事实上是比较慢的。基于非负矩阵分解原文对其有效性的讨论，可以得知该方法还是具有实用价值的，所以加快其求解速度是很有意义的。

鉴于上述提到的关于非负矩阵分解优化算法的几点局限性，改进的模型和优化算法层出不穷[25-27]。纵观所有新提出的对非负矩阵分解模型的改进，可以粗略地将它们的思路归结为一种方法，就是增加限制条件，使得解空间收缩，迫使非负的原子信号和权重矩阵的解朝着我们想要的方向逼近。举例来说，在实际应用中发现任一信号只是由少数几个原子信号构成的，对此可以对权重矩阵引入稀疏性条件[28,29]，或者需要来自某个具备特定结构的流形(manifold)中的原子信号，则可以限制非负矩阵分解的解只能在这个特定的流形上取得[30, 31]。

不同的应用会有不同的要求，这便催生出形形色色的非负矩阵分解算法的变形。但是读者也许会问，如果我们有个很好的想法，应该如何去改造现有的 NMF 算法并实现它呢？这就涉及前面提到的将模型及算法表达成优化问题的诸多好处。已知非负矩阵分解的优化问题可以表述成式(6.10)，通过向式(6.10)引入额外的限制条件，将很容易得到想要的新的性质。例如，可以简单地加入权重矩阵的稀疏性条件以实现稀疏非负矩阵分解：

$$\begin{aligned}\min_{A\in\mathbb{R}^{D\times M},W\in\mathbb{R}^{M\times N}} \quad & d(Y,AW)\\ \text{s. t.} \quad & Y=AW+E\\ & A\geqslant 0\\ & W\geqslant 0\\ & \|W\|_0\leqslant K\end{aligned} \tag{6.13}$$

其中，K 是一个非负整数。对流形上的非负矩阵分解可以有

$$
\begin{aligned}
&\min_{A\in\mathbb{R}^{D\times M},W\in\mathbb{R}^{M\times N}} d(Y,AW)\\
&\text{s.t.}\quad Y=AW+E\\
&\qquad\quad A\geqslant 0\\
&\qquad\quad W\geqslant 0\\
&\qquad\quad a_i\in Q,\quad i=1,\cdots,Q
\end{aligned}
\tag{6.14}
$$

其中,Q 表示一个具有特定结构的流形。当然随后的问题是如何求解这些优化问题。求解这些复杂的优化问题并非易事,有时候对某个问题的求解可以困扰学术界很长时间,其求解过程可以追溯到很多数学领域及其最新发展,需要十几本书来解释。即便是针对原始的非负矩阵分解也有非常多的优化算法与分析[32-34],而且这个研究过程似乎一直都在继续。随着大数据的出现,对快速高效优化算法的渴求更是前所未有。但是优化算法研究方向涉及太多计算上的东西,我们不打算在本书中做深入讨论。仅从建模的角度来说,可以在非负矩阵分解的优化问题里加入任何想要的限制条件,以实现不同的功能。同时还可以改变其结构,如增加矩阵以改变分解的形式,例如,令 $Y=ACW+E$,其中 C 可以是预先计算好的符合某种要求的矩阵,或者引入先验概率模型,如令 E 服从学生氏分布以获取鲁棒性等。其基本的原则是使得最终的优化问题可解,或者更严格地说,是可以在有限的时间内完成求解的。这里提出的这些只不过是抛砖引玉,读者可以充分发挥想象力,从建模和优化算法的角度不断创新。事实上,改进原有模型所产生的贡献一般来说是有限的,需要的是更多原创性的,类似于非负矩阵分解的东西以引领科技的长足发展。

6.3　端元提取

在开始真正介绍稀疏编码知识之前,先简单讨论一个与字典学习密切相关的被广泛应用于光谱学(spectroscopy)、遥感(remote sensing)和定量化学(chemometrics)等领域的称为端元提取的方法。已经在前面提到字典学习在光谱地质学的应用其实就是端元提取。端元提取的数学模型与字典学习毫无二致,只是它有两个必需的限制条件,就是权

重矩阵非负且其每一列的和必须为 1,简单表达如下:

$$y_i = A w_i + \varepsilon_i, \quad w_i \geqslant 0, \quad w_i^{\mathrm{T}} \vartheta = 1 \tag{6.15}$$

其中,ϑ 是一个长度合适的全为 1 的列向量。将式(6.15)写成矩阵形式就是

$$Y = AW + E, \quad W \geqslant 0, \quad W^{\mathrm{T}} \vartheta = \vartheta \tag{6.16}$$

由此可见,端元提取就是字典学习,也就是矩阵分解,只是多了些限制条件而已。那么为什么在上述那些应用领域中它被称为端元提取呢? 其实早在二三十年前的光谱学领域就有这样的要求:给定一些光谱数据,相信这些光谱是由几种有限的纯物质的光谱混合而成的,这些纯物质的光谱称为端元(endmember),因为它们(在概念上认为是)分布在这些光谱数据所在空间的角落上,而我们的任务是将它们提取出来,所以称为端元提取(endmember extraction)。因为原始光谱数据一定是非负的,所以纯物质的混合比例一定是非负且和为 1 限制。

在基于矩阵分解的端元提取方法出现之前,有许多构建于几何学的方法,典型的例子是 N-Findr[35]。其思想很简单,就是寻找一个最小的可以包容所有给定光谱数据的单形(simplex),这里说的"最小"就是指体积最小。端元提取的解决方案在几何学的方向上持续了一段时间以后就开始转到矩阵分解的方向上。其中有一个原因就是单形的搜索是比较费时的。2004 年 ICE(iterative constrained endmembering)[36]算法的提出是一个转折点,其优化问题是

$$\begin{aligned} \min_{A \in \mathbb{R}^{D \times M}, W \in \mathbb{R}^{M \times N}} \quad & \| E \|_{\mathrm{F}}^2 + \lambda \sum_{i \neq j} \| a_i - a_j \|_2^2 \\ \text{s.t.} \quad & Y = AW + E \\ & W \geqslant 0 \\ & W^{\mathrm{T}} \vartheta = \vartheta \end{aligned} \tag{6.17}$$

其中,A 现在称为端元矩阵,其第 i 列,即 a_i 是第 i 个端元,$\sum_{i \neq j} \| a_i - a_j \|_2^2$ 所表达的意思是两两不同端元之间的距离和,是一个单形体积的替代品,而 λ 是正则化参数,以权衡数据重建误差与距离和。

比较基于矩阵分解的端元提取的优化问题,即式(6.17)与 6.2 节讨论的非负矩阵分解的几个变形,如式(6.10)、式(6.13)以及式

(6.14)，其实并没有什么本质上的区别，因为基本模型都是一样的，差别只是体现在限制条件以及优化目标略有不同。

尽管模型及优化问题区别甚微，ICE 的优化过程却与非负矩阵分解大不相同，这也是其名称的来历。ICE 采用的是类似于坐标交替下降迭代(coordinate descent)优化的方法[34,37,38]，即在某一个迭代步骤 t 时，固定一个未知量，如 W^t，去求解另一个未知量，如 A^{t+1}；当得出 A^{t+1} 后再固定 A^{t+1} 去求 W^{t+1}。从一个初始值(A^0 和 W^0)出发，循环迭代，就可以得到一个解。为帮助读者更好地理解，详细介绍一下 ICE 的优化算法，因为这种类似于坐标交替下降迭代算法，广泛应用于稀疏编码与字典学习中。

将 ICE 的优化问题简化为

$$\begin{aligned} \min_{A\in\mathbb{R}^{D\times M},W\in\mathbb{R}^{M\times N}} & \|Y-AW\|_F^2+\lambda\mathrm{Tr}(AHA^{\mathrm{T}}) \\ \text{s.t.}\quad & W\geqslant 0 \\ & W^{\mathrm{T}}\vartheta=\vartheta \end{aligned} \tag{6.18}$$

在式(6.18)中，将 $E=Y-AW$ 代入，并且使用

$$\sum_{i\neq j}\|a_i-a_j\|_2^2=\mathrm{Tr}(AHA^{\mathrm{T}})$$

其中，$H=I-\vartheta^{\mathrm{T}}\vartheta/M$(请读者自行推导上式)。为简化描述，定义

$$J(A,W)=\|Y-AW\|_F^2+\lambda\mathrm{Tr}(A^{\mathrm{T}}HA)$$

假设在第 t 步迭代时已经得到 A^t 及 W^t，则 W^{t+1} 由求解下面的问题得到：

$$\begin{aligned} W^{t+1}= & \operatorname*{argmin}_W J(A^t,W) \\ \text{s.t.}\quad & W\geqslant 0 \\ & W^{\mathrm{T}}\vartheta=\vartheta \end{aligned} \tag{6.19}$$

也就是固定 A 求解 W。很明显，式(6.19) 是一个带线性限制条件的二次规划问题(quadratic programming, QP)[39]，有许多标准的优化算法软件包可以解决该问题。随后是固定 W 以得到下一步的原子信号矩阵 A：

$$A^{t+1}=\operatorname*{argmin}_A J(A,W^{t+1}) \tag{6.20}$$

同样地，式(6.20)也是一个二次规划问题，而且是无约束条件的。在这

种情况下有直接的解析解,即

$$A^{t+1}=Y(W^{t+1})^{\mathrm{T}}[W^{t+1}(W^{t+1})^{\mathrm{T}}+\lambda H]^{-1} \tag{6.21}$$

在一般条件下矩阵 $W^{t+1}(W^{t+1})^{\mathrm{T}}+\lambda H$ 是可逆的,因为 H 的秩为 $M-1$,只有在某些情况如 W^{t+1} 为全零阵时才会出现 $W^{t+1}(W^{t+1})^{\mathrm{T}}+\lambda H$ 不可逆。即便如此,也可以引入一个很小的扰动,即 $W^{t+1}(W^{t+1})^{\mathrm{T}}+\lambda H+\varepsilon I$ ($\varepsilon\geqslant 0$ 但是接近于零)取代原矩阵 $W^{t+1}(W^{t+1})^{\mathrm{T}}+\lambda H$ 以确保其可逆。那么从一个初始的原子信号矩阵 A^0 出发,通过上述迭代过程,可以得到一组局部最优解。但是该优化算法也存在类似非负矩阵分解优化算法的问题,ICE 的优化目标同样是非凸性的,所以虽然上述算法可以保证收敛,但也只能收敛到局部最优解,并不能确保是全局最优的。同时还依赖于初始值,不同的初始值可能会导致不同的解。尽管如此,由于没有更好的替代算法,这样的坐标交替下降迭代算法仍然被广泛应用。

ICE 的出现引起了许多学者的兴趣。类似于对非负矩阵分解的改进一样,人们对式(6.17)采用了类似的变形,用于克服 ICE 的一些缺点,或者引入 ICE 中没有的性质。例如,SPICE(sparse iterative constrained endmembering)[40]:

$$\begin{aligned} \min_{A\in\mathbb{R}^{D\times M},W\in\mathbb{R}^{M\times N}} \quad & \|E\|_{\mathrm{F}}^2+\lambda_1\sum_{i\neq j}\|a_i-a_j\|_2^2+\lambda_2\|W\|_1 \\ \text{s.t.} \quad & Y=AW+E \\ & W=AW \\ & W^{\mathrm{T}}\vartheta=\vartheta \end{aligned} \tag{6.22}$$

SPICE 引入的是权重矩阵的稀疏性先验条件。读者可能马上就会想到引入端元矩阵非负的条件等,而且在很多情况下这种约束条件是有意义的。正如6.3 节中提到的一样,读者可以发挥自己的想象力设计更多 ICE 的变形。

6.4 稀疏编码

通过前面几节的论述可以看到字典学习与矩阵分解之间的关系。从简单的 tSVD 矩阵分解方法到在矩阵分解中引入如非负矩阵分解中的非负条件以及端元提取中的权重矩阵的非负及和为 1 等不同的限制条件，可以看到把字典学习表述成优化问题时可以帮助设计新的算法。同时在所列举的例子中，都刻意提到了引入稀疏性的条件，如稀疏非负矩阵分解，即式(6.13)，以及 SPICE，即式(6.22)。其实这些就是所谓的稀疏编码(sparse coding)的一些变形算法。这一节，将主要讨论稀疏编码的相关知识。

简单而言，稀疏编码就是寻找数据的一种字典表达方式，使得每个数据都可以表示为少数几个原子信号的线性组合。说得更直白一点，就是在字典学习中对权重矩阵引入稀疏性约束条件。在稀疏编码中权重矩阵称为稀疏表达，借用前面提到的优化问题表示方法，稀疏编码的模型以及优化目标可以写成

$$\begin{aligned}&\min_{A\in\mathbb{R}^{D\times M},W\in\mathbb{R}^{M\times N}}\ \|E\|_p\\&\text{s.t.}\quad Y=AW+E\\&\qquad\quad \|w_i\|_0\leqslant K,\quad i=1,\cdots,N\end{aligned}\tag{6.23}$$

其中，$\|\cdot\|_p$表示矩阵·的 p 范数。式(6.23)所表达的含义是找到用于表示数据 Y 的字典，使得使用该字典的每个数据的重建系数在一定误差允许范围内是 K 稀疏的。可以看出，式(6.23)与压缩感知的经典优化问题是有些相似之处的，但是有两点不同之处需要指出：第一，压缩感知中的讨论是针对一个信号的感知与重建；第二，压缩感知中的采样矩阵 Φ 对应于稀疏编码中的 A 矩阵，且 Φ 是已知的，然而在稀疏编码中矩阵 A 也是需要求解的目标之一。确实，稀疏编码和压缩感知的相似性决定了在稀疏编码的实现算法中可以借用许多压缩感知中的知识。尽管如此，前面提到的两点不同决定了稀疏编码在优化问题求解的复杂度上要远远超过压缩感知。

通过前面几节的铺垫以及对前面几章压缩感知信号重建的论述，相信读者已经可以自己实现稀疏编码了。大致思想是使用前面提到的坐标交替下降迭代算法：从一个初始原子信号矩阵出发，使用压缩感知中的稀疏信号重建算法得到每个观测信号 y_i 的权重向量 w_i(权重向量是稀疏的)，进而得到下一个迭代步骤的权重矩阵 W，然后再固定这个权重矩阵去更新原子信号矩阵 A。该迭代步骤循环往复直至收敛到一个局部最优解。感兴趣的读者可以自己试着构建自己的稀疏编码算

法,看看跟下面将要介绍的两个比较典型的算法之间有什么不同。

6.4.1 最优方向法

最优方向法(method of optimal directions,MOD)[41]解决的是式(6.23)以及如下稍许不同的目标

$$\begin{aligned} \min_{A\in\mathbb{R}^{D\times M},W\in\mathbb{R}^{M\times N}} \quad & \|W\|_0 \\ \text{s.t.} \quad & Y=AW+E \\ & \|e_i\|_2\leqslant\varepsilon,\quad i=1,\cdots,N \end{aligned} \tag{6.24}$$

其中,$\|W\|_0$ 是矩阵 W 的 ℓ_0 范数,即矩阵 W 中非零元素的个数。其优化方法就是前面提到的坐标交替下降迭代算法。它的伪码如下。

输入:待分析数据矩阵 Y

输出:原子信号矩阵 A 与权重矩阵 W

初始化:令 $t=0$,并且初始化原子信号矩阵 A,即 A^0(随机生成或者是从 Y 中随机选择 M 个样本作为初始 A)

当没有满足结束条件时,循环执行步骤(1)~(4)。

(1) $t=t+1$。

(2) 稀疏编码阶段:对 $i=1,\cdots,N$,使用跟踪匹配算法(matching pursuit algorithm)以获取

$$w_i=\underset{w}{\operatorname{argmin}}\|y_i-A^{t-1}w\|_2^2,\quad \text{s.t. } \|w\|_0\leqslant K$$

(3) 字典更新阶段:使用下面的公式更新原子信号矩阵:

$$A^t=\underset{A}{\operatorname{argmin}}\|Y-AW^t\|_F^2=YW^t[W^t(W^t)^{\mathrm{T}}]^{-1}$$

(4) 循环终止条件:如果 $\|Y-A^tW^t\|_F^2$ 足够接近上一迭代的值则终止循环,否则进入下一循环。

从上面介绍的 MOD 伪码可以看出,其本质就是交替优化原子信号矩阵和权重矩阵。在稀疏编码阶段,MOD 使用了跟踪匹配算法以获取第 i 个观测信号 y_i 的权重向量。这证明了前面所说的稀疏编码与压缩感知的关系。但是这里需要指出的是,压缩感知理论框架中有一系列的理论限定测量矩阵的结构特征(如约束等距特性和非相关性等)以保证可以无失真重建原始稀疏信号(等价于稀疏编码中的权重向量),而

在稀疏编码中，我们需要求解原子信号矩阵(等价于压缩感知中的测量矩阵)。由于 MOD 的字典更新步骤是简单的数据矩阵右乘权重矩阵的伪逆，不能确保这样得到的原子信号矩阵一定满足压缩感知中对测量矩阵的要求，但是这并不影响稀疏编码，或者说对寻求原子信号矩阵的影响不是太大。因为一方面可能并不是十分关心原子信号，而更关心权重矩阵，因为权重矩阵有时候可以揭示数据中的规律，有点类似于数据挖掘；另一方面，由于稀疏编码本身是矩阵分解的一种，其解的非唯一性也导致可能会有众多的原子信号矩阵及其权重矩阵可以很好地拟合数据，同时保证权重矩阵的稀疏性，但其中有一些不满足压缩感知理论中测量矩阵所需的结构特征。

6.4.2　*K*-SVD

在 MOD 中，字典更新是通过简单的权重矩阵伪逆实现的，这样使得某个原子信号中将混入其他原子信号的影响，导致算法收敛过程较慢。为了剔除原子信号间的互相干扰，*K*-SVD[42] 应运而生。其思想就是逐个考虑原子信号对数据拟合的贡献并逐个更新原子信号。*K*-SVD 算法的基本构架和 MOD 一样，只是在字典更新阶段用上述方法取代了简单的矩阵伪逆。其具体做法如下所述：

考虑第 j 个原子信号a_j，令s为包含原子信号a_j 的数据的索引的集合，即

$$s=\{i\mid 1\leqslant i\leqslant M, w_{ji}\neq 0\}$$

w_{ji}是权重矩阵 W 的第 j 行第 i 列的元素。因为w_i是稀疏的，所以并不是每个原子信号对某个观测数据都有贡献，或者说并不是每个数据都包含所有原子信号，而是最多只有 K 个原子信号有非零权重系数。首先计算残差矩阵

$$E_j = Y - \sum_{l\neq j} a_l w_l^{\mathrm{T}}$$

其实，上式就是在计算除去a_j 的其他原子信号的拟合残差。引入记号 E_j^S 以表示矩阵E_j 的列子矩阵，也就是只取 E_j 中属于 s 的那些列构成的矩阵。对 a_j 和w_j 的更新由求解下面的问题得到：

$$\{a_j, w_j\}=\underset{a,w}{\operatorname{argmin}}\parallel E_j^S - a w^{\mathrm{T}}\parallel_{\mathrm{F}}^2 \tag{6.25}$$

式(6.25)又是一个矩阵分解问题，但是要比原始的矩阵分解简单许多，因为式中的 a 和 w 都是向量而非矩阵。正因为式(6.25)是一个矩阵分解，所以可以用经典矩阵分解的方法来求解。在 K-SVD 中使用的是 tSVD：

$$E_j^S \approx u\lambda v^{\mathrm{T}}$$

也就是矩阵 E_j^S 的秩为 1 的 SVD 分解。那么 u 和 λv 就分别是 a 和 w 的解。当然还有其他的方法来求解式(6.25)，在此不再赘述。有趣的是，如果 $K=1$ 并且限定权重矩阵中的值只能取 1 或者 0，那么原始的问题则退化成为一个标准的 K-means 聚类算法(clustering)。类似于每个 K-means的迭代步骤中都计算 K 个子集(类)，这种带前述限制条件的 K-SVD 每个迭代步骤也是在寻找 K 个子矩阵(对应于 K 个子集)。这也是 K-SVD 名字的由来，它的相应伪码如下。

输入：待分析数据矩阵 Y

输出：原子信号矩阵 A 与权重矩阵 W

初始化：令 $t=0$，并且初始化原子信号矩阵 A，即A^0(随机生成或者是从 Y 中随机选择 M 个样本作为初始 A)

当没有满足结束条件时，循环执行步骤(1)～(4)。

(1) $t=t+1$。

(2) 稀疏编码阶段：对 $i=1,\cdots,N$，使用跟踪匹配算法以获取

$$w_i = \underset{w}{\operatorname{argmin}} \| y_i - A^{t-1} w \|_2^2, \quad \text{s.t. } \| w \|_0 \leqslant k$$

的近似解，这样得到W^t。

(3) K-SVD 字典更新阶段：使用下面的方法依次更新原子信号矩阵 A 的第 j 个原子信号a_j $(j=1,\cdots,M)$。

计算残差矩阵

$$E_j = Y - \sum_{l \neq j} a_l w_l^{\mathrm{T}}$$

且E_j^S的秩为 1 的 tSVD 分解为

$$E_j^S \approx u\lambda v^{\mathrm{T}}$$

$a_j=u$，且权重向量$w_j=\lambda v$。

(4) 循环终止条件：如果 $\| Y-A^tW^t \|_F^2$ 足够接近上一迭代的值，则终止循环，否则进入下一循环。

总体来说，稀疏编码与聚类分析(clustering)有着很大的相似性，同时与子空间分析或者称为子空间学习(subspace learning，SL)[43-45]也密切相关。这决定了这几个领域可以相互借鉴其算法并结合，例如，可以利用稀疏编码中的方法来提升聚类算法的速度等，我们不打算在本书中详述，感兴趣的读者可以在这个方向上深入研究。

这里简单提及一下稀疏编码的拓展，也就是一些为了获取不同性质的稀疏编码的变形算法。首先是双稀疏模型(double-sparsity model)[46]：

$$\begin{aligned} \min_{Z\in\mathbb{R}^{M_0\times M}, W\in\mathbb{R}^{M\times N}} \quad & \| E \|_F^2 \\ \text{s. t.} \quad & Y=A_0ZW+E \\ & \| Z \|_0 \leqslant K_0 \\ & \| W \|_0 \leqslant K_1 \end{aligned} \tag{6.26}$$

其中，$A_0 \in \mathbb{R}^{D\times M_0}$ 是给定的所谓预设字典(pre-specified dictionary)；$Z\in\mathbb{R}^{M_0\times M}$是一个待求稀疏矩阵；$M_0$、$K_0$、$K_1$ 都是预设的非零整数。有时候可以要求 Z 和 W 中的每一列的 ℓ_0 范数都小于预先设定值。通过观察不难发现，这里无非是用A_0Z 取代了 A 而已，由此而得到的好处是计算更加快速且节省内存空间。A_0 的选择标准是使得式(6.26)中的模型具有物理意义，也就是原子信号矩阵 A 确实可以分解成A_0 的稀疏表达。

其次是正交单位基组成的字典(union of unitary bases)[47]：

$$\begin{aligned} \min_{A\in\mathbb{R}^{D\times M}, W\in\mathbb{R}^{M\times N}} \quad & \| E \|_F^2 \\ \text{s. t.} \quad & Y=AW+E \\ & A=[\Psi \quad \Phi] \\ & \Psi^T\Psi=I_P, \Phi^T\Phi=I_{M-P} \\ & \| W \|_0 \leqslant K_1 \end{aligned} \tag{6.27}$$

其中，$\Psi\in\mathbb{R}^{D\times P}$，$\Phi\in\mathbb{R}^{D\times(M-P)}$ 为正交基。这种模型的好处是得到的原子信号矩阵是一个相对紧致的基(从限制条件可以看出)，并且学习过程相对简单。

接下来介绍一个的非常有趣的被称为 signature dictionary 的方法，

由于该方法源自于图像处理领域，其全名是 ISD(image signature dictionary)[48]

$$\begin{aligned}&\min_{R_m,W,a}\ \|E\|_F^2\\ &\text{s.t.}\quad Y=AW+E\\ &\qquad\ \ A=[R_1a,\cdots,R_Ma]\\ &\qquad\ \ \|W\|_0\leqslant K\end{aligned}\tag{6.28}$$

其中，$a\in\mathbb{R}^D$是单一原子信号；$R_m(m=1,\cdots,M)$是使得第 m 个原子信号 $a_m=R_ma$ 所需要学习的字典生成运算符(operator)。R_m的作用就是从 a 的第 m 个元素起提取 D 个元素，如果不够取就从头开始(将 a 想象成首尾相接)，这其实就是循环移位。由此可见，ISD 就是将字典的结构细化了一下，每个原子信号都是由 a 生成的。这个模型带来的好处是模型中的自由参数(需要估计的参数)大量减少，从而使得学习过程中无需太多的训练数据就可以得到一个比较好的字典。同时由于完整的字典是由一个单一的原子信号通过循环移位生成的，其优化算法可以十分简单，因为一旦确定字典中的第一列，后续列可以很简单地通过循环移位去逼近，从而使收敛过程很快。

其实稀疏编码还有很广阔的空间以容纳新的想法和新的模型，读者大可不必拘泥于上述的几种扩展模型。当然，正如前面提到的，把前辈的研究工作推动到一个新的高峰固然重要，但最为重要的是拓展新的研究领域，例如，为新的问题提供可行的解决方法，或者另辟蹊径，这也正是我国老一辈科学家钱学森所倡导的"科学精神最重要的就是创新"。

参考文献

[1] Jolliffe I T. Principal Component Analysis[M]. New York: Springer, 2002.

[2] Dobson A J, Barnett A. An Introduction to Generalized Linear Models[M]. London: Chapman & Hall/CRC, 2008.

[3] Schlkopf B, Smola A J. Learning with Kernels: Support Vector Machines, Regularization, Optimization, and Beyond[M]. Cambridge: The MIT Press, 2002.

[4] Cristianini N, Shawe-Taylor J. An Introduction to Support Vector Machines and Other Kernel-based Learning Methods[M]. Cambridge: Cambridge University Press, 2000.

[5] Guo Y, Gao J, Kwan P W. Twin kernel embedding[J]. IEEE Transaction of Pattern Analysis and Machine Intelligence, 2008, 30: 1490-1495.

[6] Guo Y, Gao J, Li F. Dimensionality reduction with dimension selection[J]. Advances in Knowledge Discovery and Data Mining, Lecture Notes in Computer Science, 2013, 7818: 508-519.

[7] Riesenhuber M, Poggio T. Hierarchical models of object recognition in cortex[J]. Nature Neuroscience, 1999, 2: 1019-1025.

[8] Sudderth E B, Torralba A, Freeman W T, et al. Learning hierarchical models of scenes, objects, and parts[C]. Proceedings of the Tenth IEEE International Conference on Computer Vision, Washington DC, 2005, 2: 1331-1338.

[9] Ruymagaart F H. A robust principal component analysis[J]. Journal of Multivariate Analysis, 1981, 11: 485-497.

[10] Gao J. Robust ℓ_1 principal component analysis and its bayesian variational inference[J]. Neural Computation, 2008, 20: 555-572.

[11] Gao J, Kwan P W, Guo Y. Robust multivariate ℓ_1 principal component analysis and dimensionality reduction[J]. Neurocomputing, 2009, 72: 1242-1249.

[12] Candès E J, Li X, Ma Y, et al. Stanford University, 2010.

[13] Amari S, Cichocki A, Yang H H. A new learning algorithm for blind source separation[N]. Advances in Neural Information Processing 8, 1996: 757-763.

[14] Cardoso J F, Comon P. Independent component analysis, a survey of some algebraic methods [C]. IEEE International Symposium on Circuits and Systems, 1996: 93-96.

[15] Bartholomew D J. Latent Variable Models and Factor Analysis[M]. London: Charles Griffin Co. Ltd, 1987.

[16] Horn R A, Johnson C R. Matrix Analysis [M]. Cambridge: Cambridge University Press, 2012.

[17] Hansen P. The truncatedSVD as a method for regularization[J]. BIT Numerical Mathematics, 1987, 27: 534-553.

[18] Draper N R, Smith H. Applied Regression Analysis[M]. New York: Wiley, 1998.

[19] Lee D D, Seung H S. Learning the parts of objects by non-negative matrix factorization[J]. Nature, 1999, 401: 788-791.

[20] Lee D D, Seung H S. Algorithms for non-negative matrix factorization[C]. Advances in Neural Information Processing Systems (NIPS), Cambridge: MIT Press, 2001: 556-562.

[21] Boyd S, Vandenberghe L. Convex Optimization[M]. Cambridge: Cambridge University Press, 2004.

[22] Mitchell M. An Introduction to Genetic Algorithms[M]. Cambridge: MIT Press, 1996.

[23] Kennedy J, Eberhart R. Particle swarm optimization[C]. Neural Networks, 1995 Proceedings, IEEE International Conference on, 1995: 1942-1948.

[24] Kennedy J, Kennedy J F, Eberhart R C. Swarm Intelligence[M]. San Francisco: Morgan Kaufmann Publishers, 2001.

[25] Schmidt M N, Winther O, Hansen L K. Bayesian non-negative matrix factorization[C]. Lecture Notes in Computer Science (LNCS): Proceedings of International Conference on Independent Component Analysis and Signal Separation, 2009: 540-547.

[26] Liu X, Lu H, Gu H. Group Sparse non-negative matrix factorization for multi-manifold learning[C]. Proceedings of the 22nd British Machine Vision Conference, 2011: 1-11.

[27] Yang Z, Oja E. Quadratic nonnegative matrix factorization[J]. Pattern Recognition, 2012, 45: 1500-1510.

[28] Hoyer P O. Nonnegative matrix factorization with sparseness constraints[J]. Journal of Machine Learning Research, 2004, 5: 1457-1469.

[29] Chi E C, Kolda T G. On tensors, sparsity, and nonnegative factorizations[J]. SIAM Journal on Matrix Analysis and Applications, 2012, 33: 1272-1299.

[30] Cai D, He X, Wu X, et al. Non-negative matrix factorization on manifold[C]. Eighth IEEE International Conference on Data Mining, 2008: 63-72.

[31] Guan N, Tao D, Luo Z, et al. Manifold regularized discriminative nonnegative matrix factorization with gast gradient descent[J]. IEEE Transactions on Image Processing, 2011, 20: 2030-2048.

[32] Campisi P, Egiazarian K. Blind Image Deconvolution: Theory and Applications[M]. Boca Raton: CRC Press, 2007.

[33] Kim J, Park H. Fast nonnegative matrix factorization: An active-set-like method and comparisons[J]. SIAM Journal on Scientific Computing, 2011, 33: 3261-3281.

[34] Gillis N, Glineur F C. A multilevel approach for nonnegative matrix factorization[J]. Journal of Computational and Applied Mathematics, 2012, 236: 1708-1723.

[35] Winter M E. N-FINDR: An algorithm for fast autonomous spectral end-member determination in hyperspectral data[C]. SPIE's International Symposium on Optical Science, Engineering, and Instrumentation, International Society for Optics and Photonics, 1999: 266-275.

[36] Berman M, Kiiveri H, Lagerstrom R, et al. ICE: A statistical approach to identifying endmembers in hyperspectral images[J]. IEEE Transaction on Geoscience and Remote Sensing, 2004, 42: 2085-2095.

[37] Friedman J, Hastie T, Höfling H, et al. Pathwise coordinate optimization[J]. The Annals of Applied Statistics, 2007, 1: 302-332.

[38] Friedman J H, Hastie T, Tibshirani R. Regularization paths for generalized linear models via

coordinate descent[J]. Journal of Statistical Software,2010,33:1-22.

[39] Nocedal J,Wright S J. Numerical Optimization[M]. New York:Springer,2006.

[40] Zare A,Gader P. Sparsity promoting iterated constrained endmember detection in hyperspectral imagery[J]. IEEE Transactions on Geoscience And Remote Sensing Letters,2007,4:446-450.

[41] Engan K,Aase S O,Hakon Husoy J H A. Method of optimal directions for frame design [C]. IEEE International Conference on Acoustics, Speech, and Signal Processing, 1999: 2443-2446.

[42] Aharon M,Elad M,Bruckstein A. *K*-SVD: An algorithm for designing overcomplete dictionaries for sparse representation[J]. IEEE Transactions on Signal Processing,2006,54: 4311-4322.

[43] Guo Y,Gao J,Li F. Large scale hyperspectral data segmentation by random spatial subspace clustering[C]. 2013 IEEE International Geoscience and Remote Sensing Symposium (IGARSS),2013:3487-3490.

[44] Si S,Tao D,Geng B. Bregman divergence based regularization for transfer subspace learning [J]. IEEE Transactions on Knowledge and Data Engineering,2009,22:929-942.

[45] Liu G,Lin Z,Yu Y. Robust subspace segmentation by low-rank representation[C]. International Conference on Machine Learning,2010:663-670.

[46] Rubinstein R, Zibulevsky M, Elad M. Double sparsity: Learning sparse dictionaries for sparse signal approximation[J]. IEEE Transactions on Signal Processing, 2010, 58: 1553-1564.

[47] Lesage S, Gribonval R, Bimbot F,et al. Learning unions of orthonormal bases with thresholded singular value decomposition[C]. Proceedings of IEEE International Conference on Acoustics,Speech,and Signal Processing,2005,5:293-296.

[48] Aharon M,Elad M. Sparse and redundant modeling of image content using an image-signature-dictionary[J]. SIAM Journal of Image Science,2008,1:228-247.

第 7 章　压缩感知的应用

介绍到这里,相信大家对压缩感知已经有了一个基本的认识。本章主要介绍压缩感知到底有什么用,在实际的生活中究竟能解决什么问题。事实上自从压缩感知于 2004 年被 Candès、Tao 和 Donoho 提出以来,基于它的应用便层出不穷,它在很多领域都带来了革新,如单像素相机、核磁共振和射电天文等,以压缩感知为基础的模块已经成功搭载到欧洲空间局的星载天文望远镜 HERSCHEL 上,并被应用到太空探测领域。

7.1　基于压缩感知的单像素相机

成像是一个传统的信号处理领域,俗话说"百闻不如一见",图像在整个数字信号处理领域中占有举足轻重的地位。压缩感知理论刚被提出来时并没有被广泛认可,但是随着单像素相机成像框架的提出[1,2],压缩感知理论立刻吸引了广大研究学者的关注。它的成像框图如图 7.1 所示。

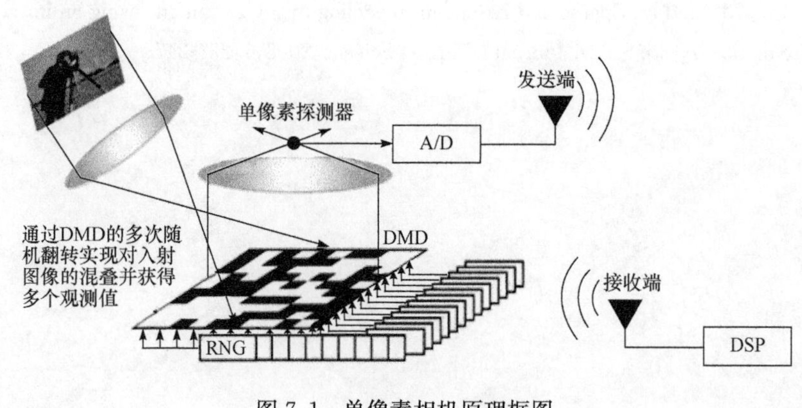

图 7.1　单像素相机原理框图

该方案中最核心的器件是数字微镜器(digital micro-mirror device,DMD),它是一种光调制器,在基于压缩感知的成像体系中,DMD 扮演着非常重要的角色。DMD 是美国得州仪器公司(Texas Instruments,TI)生产的一种通过成千上万个微镜反射入射光而实现光调制的器件,这些微镜阵列都可以通过配置单元设定翻转角度。每个微镜通过一个铰链实现两种固定的翻转状态,角度为水平方向的±12°翻转(早期的型号是±10°翻转)。其翻转角度状态由片上内存 SRAM 中相应的比特值来决定其翻转状态,例如,比特值为"1"则表示沿水平方向的+12°翻转,反之,如果比特值为"0"则表示沿水平方向的-12°翻转。如图 7.2 所示,由于微镜的翻转角度不同,可以把入射光沿两个不同的角度反射,当微镜翻转角度为+12°时,实现对入射光的对称角度反射;而当微镜翻转角度为-12°时,则微镜把入射光反射到芯片内置的光吸收材料上,即没有反射光输出,这就实现了通过成千上万个微镜是否反射入射光而实现对入射光的调制。

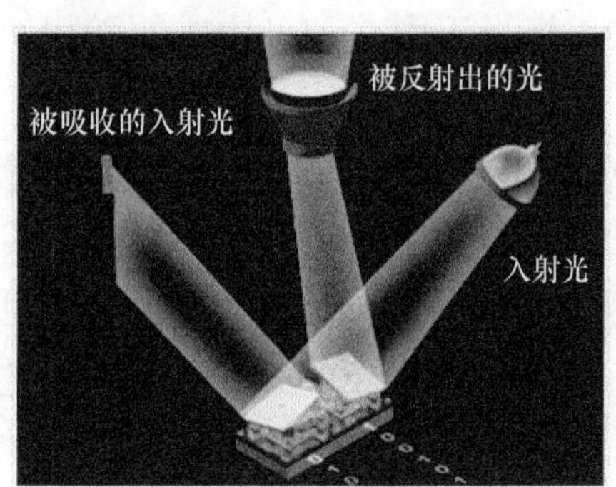

图 7.2　微镜不同的翻转角度实现对入射光的调制

从 TI 公司发布的资料来看,其最高空间分辨率可以达到 1024×768(XGA),即该类型 DMD 包含 1024×768 个微镜,难以想象的是这些微镜集成在 32.2mm×22.3mm 大小的芯片中,它的外观如图 7.3 所示。DMD 具有较高的分辨率、对比度、灰度等级和响应速度等优点,不仅已成功应用于高清电视(HDTV)和数字影院,近几年其应用领域得到较大扩展,在光纤通信网络的路由器、衰减器、滤波器、数字相机、高频天线阵列、新一代外层空间望远镜、物体三维轮廓测量仪、全息照相、光学神经网络、显微系统中的数字可变光阑、激光光束整形、压缩成像、数字光刻以及成像光谱等领域都得到了成功的应用。

图 7.3 DMD 芯片的实际外观

下面介绍单像素相机的设计原理。首先,通过光路系统将成像目标投影到 DMD 上,DMD 由数字电压信号控制微镜片的机械运动以实现对入射光线的调制,相当于由 0 和 1 构成的随机测量矩阵,其中"1"表示对应的小微镜把入射光反射出去,"0"表示入射光被吸收。在每次 DMD 的随机测量中,一部分微镜将把与其对应位置上的入射光发射出去,这些反射光由透镜聚焦到单个像素传感器上(实际应用中可以是光敏二极管),光敏二极管两端的电压随着反射光强度的变化而变化,其两端的电压通过一个模数转换器(A/D converter)进行量化从而得到一个测量值 y_i,其中每次 DMD 的随机测量模式相应地对应测量矩阵中的一行,即 ϕ_i,此时如果把输入图像看成一个矢量 x,则该次测量的结果表示为 $y_i=\phi_i x$。每次的测量结果实际上是 DMD 的掩模与成像场景的模二相乘而后汇总进行量化的结果,将此投影操作重复 M 次,即通过 M 次随机配置 DMD 上每个微镜的翻转角度,获得了 M 个测量结果,即 $y=\Phi x$。在 M 远小于原始图像的像素时,即可通过基于总变量差(total variation)的 ℓ_1 范数最小化的方法重构原始图像,它的实物演示如图 7.4 所示。

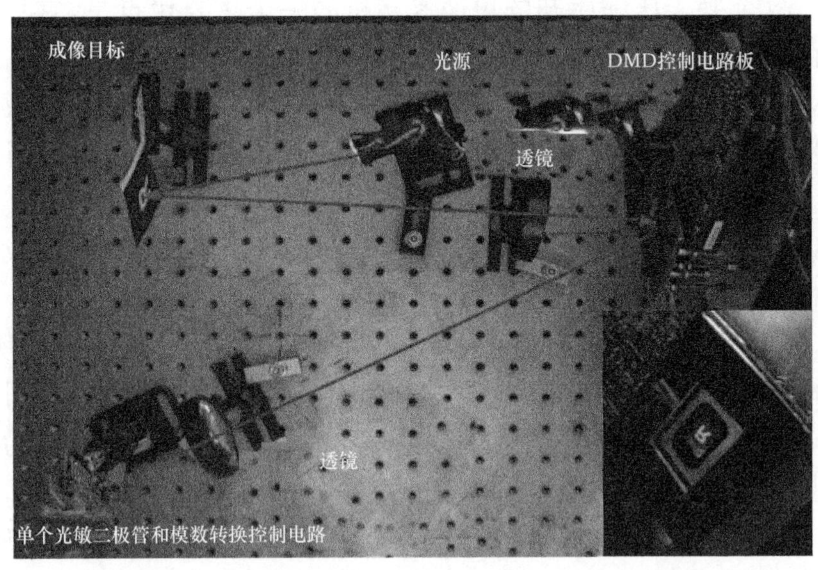

图 7.4　单像素相机实物演示图

除了成像灵活性，单像素相机的另一个优点是光敏二极管的量子效率(用来定义光敏器件受光表面接收到的光子转换为电子-空穴对的百分比例)可以达到 90%，远高于常规 CCD 或 CMOS 阵列的 50%。此外，每次单像素相机随机的测量都能聚集远远多于平均像素上所能接收到的光子，因而可以极大地降低图像失真、暗噪声(在光谱测量中是指影响光谱原始数据的杂光)和读出噪声[1]。

在数字相机广为流行的当代，人们不断追求更高像素的相机，以达到图像的高分辨率和高保真。单像素相机的设计为此开辟了一条全新的思路，这个设计很大程度上减少了对光探测器设计复杂性和高昂代价的要求，无需高密度、高分辨率的 CCD 或 CMOS 模块，单个像素也可以实现成像功能。需要指出的是，这里的单像素传感器，可以是光敏二极管；在低光照度时，可以是雪崩二极管；也可以是集成多个针对不同波长范围的光敏二极管，从而构建多光谱相机。

该相机直接获取的是 M 次随机线性测量值而不是原始输入图像的像素值，这也是和传统多路复分相机的区别之一，多路复分相机的机理是采用传统的光栅扫描，其中的测量函数是一系列 delta 函数构成的。这个基于压缩感知的单像素相机的一个重要优点是，它只需要较少的测量值就可以重构出原始图像（例如，压缩感知模式需要 M 次测量，而光栅扫描模式需要 N 次，$M \ll N$），即单像素相机把图像的获取和图像的压缩集成到一起，即采样的过程中同时也实现了图像的压缩。

该单像素相机的实验结果如图 7.5 所示，其中图(a)是一个成像目标模板，上面是一个黑白打印“R”，基于图 7.4 中的演示模型，$N=256\times256$，当随机测量次数为 $M=N/10$ 时，重建的图像如图(b)所示；类似地，$N=256\times256$，当随机测量次数为 $M=N/5$ 时，重建的图像如图(c)所示。可以看出图中的成像效果还不是很理想，远比常规的数字相机拍摄效果要差，但这里演示的只是一个原理，在很多细节，如光路的封闭性设计和噪声处理等方面远没有达到最优。同时，这个演示系统还有一个缺点需要指出，它成一次像大概要花费几分钟的时间，因为为了获得足够的采样个数，每一次 DMD 的翻转都需要一定的时间。读者可能觉得等待几分钟成一次像实在很难让人接受，但要知道人类获取的第一幅照片，如图 7.6 所示，是由法国发明家 Joseph Niepce 于法国耗时 8h 拍摄的，该照片目前陈列于得克萨斯大学奥斯汀分校。可见虽然目前基于压缩感知的单像素相机耗时较长，但作为新生技术，其未来的发展还是一片光明的。

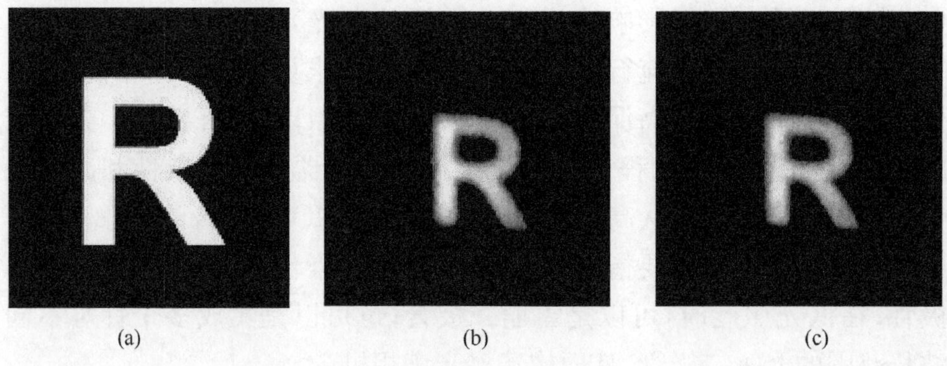

(a)　(b)　(c)

图 7.5　基于单像素相机的重构图像

图 7.6 人类拍摄的第一幅照片由法国发明家耗时 8h 拍摄

其实，这套单像素相机应用在可见光谱段成像，较常规的几百万或上千万像素的 CCD 或 CMOS 相机的优势并不十分明显，因为常规数码相机已经获得了普遍认可，CCD 或 CMOS 的集成度已经很高而且很廉价，这主要得益于可见光的光谱范围和材料硅的光电响应区间刚好一致。而在近红外或短波红外波段成像领域，单像素相机的价值就突显出来了，这是因为红外波段的探测器非常昂贵，单像素相机将极大地降低产品成本。如果将该系统应用在近红外或短波红外波段的探测器上，通过 DMD 的多次随机翻转实现对入射近红外或短波红外波段的调制获得多个测量值，再经优化算法就可以重构出原始入射的近红外或短波红外图像。在这种方式下，不仅可以得到信噪比较高的近红外或短波红外面阵图像，而且图像的均匀性可以得到更好的提升，所以构成的面阵图像质量也能得到提高，同时这也大大降低了探测器的成本。目前美国的 InView 公司[3]已经获得了单像素相机的发明专利授权，并且发布了针对显微镜应用的短波红外相机 InView210M 和针对安防、监控的短波红外相机 InView230。图 7.7 中显示的是 InView公司生产的短波红外相机和常规的短波红外相机成像结果比较，其中图(a)是常规短波红外相机获取的原图，图(b)是 InView 公司短波红外相机的成像结果。由图可见，单凭肉眼根本分辨不出差别。

InView公司出品的这类基于压缩感知的短波红外相机是该领域中第一个走向商业化应用的产品，具有里程碑式的象征意义。

(a)

(b)

图 7.7 常规短波红外相机与 InView 公司短波红外相机的成像比较

7.2 压缩感知在激光雷达中的应用

激光雷达技术与普通摄影探测和微波雷达相比具有很多优点：分辨率高、隐蔽性好、抗有源干扰能力强、低空探测性能好和植被穿透能力强，可以探测树下真实地形。从工作原理上讲，与微波雷达没有根本的区别：向目标发射探测信号(激光束)，然后将接收到的从目标反射回来的信号(目标回波)与发射信号进行比较，适当处理后，就可获得目标的有关信息，如目标距离、方位、高度、速度、姿态和形状等参数，从而对飞机、导弹等目标进行探测、跟踪和识别。目前它已经是我国国防建设和军事应用中一种不可或缺的主动遥感手段。激光雷达除了可以获取强度像，还可以获取目标区域的距离像。激光测距主要基于时间飞行法 (time of flight，ToF)，即记录发射端发出激光脉冲的时间和接收端接收脉冲的时间，两者之差就是光在观测点和被观测目标之间穿行的时间，由于光的穿行速度是固定的，因而可以精确地用于测距。

目前激光雷达成像大多采用对感兴趣区域逐点扫描的方式获取点云数据进而构建地面的高程信息/距离图像。常规的扫描成像激光雷达由一个激光脉冲发射器、一个机械摆动或转动的扫描装置和一个具有时间分辨率的光子感应器或雪崩光电二极管构成。通过摆镜实现逐点扫描，进而获取地面高程信息/距离信息，但这种方式获取的高程信息往往空间分辨率很低。目前国际上生产机载激光雷达的厂家主要有奥地利的 RIEGL、美国的 Leica、德国的 Toposys 和加拿大的 Optech。代表业界最高技术水准的机载激光雷达当属 Leica 公司的 ALS70，它的各项指标如表 7.1 所示，如果飞机在 3500m 的高空飞行并采用扫描线的方式扫描，由表 7.1 可知，其探测器的最大的测量频率为 500kHz，而最大扫描频率为 120Hz，则每条线上点的个数为 500kHz/120Hz=4167(个)，如果假设它的 FoV(field of view)为 60°，则激光雷达的幅宽为 4km 左右，因而它的横向平均分辨率为 1m 左右。

表 7.1　Leica 机载激光扫描仪 ALS70 的主要技术指标

<table>
<tr><th colspan="2" rowspan="2">指标</th><th colspan="3">型号</th></tr>
<tr><th>ALS70-CM</th><th>ALS70-HP</th><th>ALS70-HA</th></tr>
<tr><td colspan="2">最大飞行高度/m</td><td>1600</td><td>3500</td><td>5000</td></tr>
<tr><td colspan="2">最大测量速率/kHz</td><td>500</td><td>500</td><td>250</td></tr>
<tr><td colspan="2">视场角 FoV/(°)</td><td colspan="3">0～75(用户可调)</td></tr>
<tr><td colspan="2">扫描模式</td><td colspan="3">正弦波模式、三角波模式和线性扫描模式</td></tr>
<tr><td rowspan="3">最大扫描频率/Hz</td><td>正弦波模式</td><td colspan="2">200</td><td>100</td></tr>
<tr><td>三角波模式</td><td colspan="2">158</td><td>79</td></tr>
<tr><td>线性扫描模式</td><td colspan="2">120</td><td>60</td></tr>
<tr><td colspan="2">存储容量</td><td colspan="3">500GB 固态硬盘</td></tr>
<tr><td colspan="2">物理尺寸</td><td colspan="3">W37(cm)×L68(cm)×H27(cm)</td></tr>
<tr><td colspan="2">质量/kg</td><td colspan="3">43</td></tr>
</table>

相比国外，虽然国内机载激光雷达测量技术的研究起步较晚，但近年来，我国十分重视激光雷达测量系统的研制，中国科学院遥感应用研究所的李树楷等于 1996 年研制完成了国内第一台机载激光扫描测距-成像系统的原理样机[4]。与国际上流行的机载激光雷达系统不同，该系统将激光测距仪与多光谱扫描成像仪共用一套光学系统，通过硬件实现数字高程模型(digital elevation model，DEM)和遥感影像的精确匹配，直接获得地学编码影像，不过该系统离实用还有一定的距离。同时，科学技术部、电子工业部、中国科学院等单位也已经开始研制机载或星载激光雷达系统，例如，中国科学院光电研究院正在开展

轻小型机载激光雷达系统的技术研究，同时也开展了主被动共光路三维成像系统，即光学和激光雷达共孔径的多波束激光雷达的研制，但是它的高程图像空间分辨率仍远远没有达到和光学相机空间分辨率一致的水平。

机载激光雷达测量系统能够快速、直接、精确地获取数字地面模型数据，并以其穿透力强等优势在各行业部门都得到了广泛的使用。目前的机载激光雷达按工作方式可以分为逐点扫描的摆扫式和线阵推扫式。工作模式的不同，使得他们各自具有不同的优缺点。

摆扫式激光雷达最突出的优点是原理简单，技术成熟，同时它具有如下缺点与不足。

(1) 针对自然界复杂的地形特征、地物覆盖类型及其相互纵横交错时，再加上机载激光点云密度的高低不同等原因经常造成 DEM 生成算法的失败。

(2) 机载激光雷达在飞行前都要进行详细的飞行计划安排，包括飞行的航线、航带间的重置度、飞行高度、飞行速度等，因而在处理突发任务时，它的灵活性不足。

(3) 逐点扫描的机制决定它很难捕获高速移动的目标。

(4) 由于扫描机械装置的存在，无法做到小型化、轻型化，很难集成到体积、载重有限的军用航空平台上。

(5) 大量点云数据对数据传输、存储带来巨大压力。

(6) 逐点扫描的机制，加上飞行速度、扫描速度等因素的限制，经常导致距离图像的空间分辨率较低。

一般来说，线阵推扫式激光雷达主要是采用线阵发射多束激光和多个探测器的并行工作方式，从而提高覆盖效率，克服上述摆扫式激光雷达的缺点(1)～(3)。我国推扫式激光雷达的研制处于刚刚起步的阶段，线阵探测器的集成工艺成为这个发展方向的瓶颈问题，目前我国只能做到 25～50 单元雪崩二极管的线阵集成规模，远远逊色于幅宽几千像元的 CCD 线阵规模。因而目前线阵推扫式激光雷达仍然无法解决覆盖效率低、空间分辨率低的问题。我国航空高分辨率对地观测的发展正处在关键时期，上述机载激光雷达的技术缺陷，限制了它在诸多民用领域和军事上的应用，因而需要一种新式激光雷达来克服现有激光雷达的缺点。

美国国家航空航天局(National Aeronautics and Space Administration，NASA)一直是激光雷达应用的先行者，表7.2描述的是NASA关于激光雷达的发展历程及未来任务规划，从NASA现阶段和未来十年的规划可以看出，激光雷达正朝着利用多波束并行探测来提高覆盖效率和提高对地观测高程图像空间分辨率的方向发展。针对激光雷达在航空领域的长远发展趋势而言，它将朝着克服现有技术的缺点与不足的方向发展，即朝着提高距离图像的空间分辨率、减轻构建地面三维模型时对数据处理的压力、增加载荷灵活性、降低重量和体积的方向发展。近期来说，取消机械扫描装置，把压缩感知理论引入激光雷达的设计是实现上述目标的捷径。

表7.2 NASA关于激光雷达的发展历程及未来任务规划

20世纪80年代	首次集成了惯性导航系统(inertial navigation system，INS)、GPS和扫描装置用于宽幅测绘
20世纪90年代	针对植被结构成像，首次采用全波形数据的激光雷达
21世纪初	首次采用单光子测距，提高点云生成效率
现阶段	采用快速覆盖的多波束激光发射器和高灵敏度探测器阵列
未来十年	将采用多波束全幅宽覆盖激光雷达实现对全球观测，将搭载卫星ICESat-2和DESDynI

压缩感知通过对稀疏性信号在其非相干域随机采样，只需远少于传统奈奎斯特定律的采样个数即可完成采样，是一种把采样和数据压缩合二为一的新式采样理论，该理论的提出，为新式激光雷达的发展奠定了理论基础。

目前国外只有美国麻省理工学院(MIT)[5]和罗切斯特大学[6]在实验室里开展了把这个理论用于激光雷达的研究工作。MIT采用透射式液晶空间光调制器(spatial light modulator，SLM)实现对发射激光束的随机调制，同时采用单个的雪崩二极管来实现对回波信号的测量。采用透射式液晶空间光调制器SLM，降低了光的通过效率，同时也无法满足机载大功率发射激光的应用。罗切斯特大学的研究人员通过把随机空间光调制器放在接收端，实现对回波信号的随机调制，最后再通过单一的雪崩二极管来实现对汇总的调制后的回波信号进行测量。另外，他们采用的重建算法也完全不同，罗切斯特大学采用了时间切片法来重建距离图像，缺点是无法区分出每个时间切片的目标；MIT 的重建算法充分利用了距离图像本身的稀疏性，采用二步法完成距离图像的重建，该重建算法更为高效和实用。

国内只有中国科学院的上海光学精密机械研究所韩申生领导的研究小组开展了类似的研究，他们研制了一种基于赝热光源的激光雷达，目前已经成功获得强度图像。他们利用旋转的毛玻璃来实现对激光的随机调制[7]，接收端通过一个 Cacegrain 望远镜把反射回来的激光聚集到一个雪崩光电二极管，最后经过模拟数字转换器进行量化。由于毛玻璃表面凸凹的随机性，对场景的照明形成了一种随机投影，即压缩感知中的“采样矩阵”，重建距离图像的过程需要“采样矩阵”，因而需要利用 CCD 相机记录每个激光脉冲经过毛玻璃后的图像。这种类型的原理样机存在两个与生俱来的缺点：一方面，很难保证 CCD 相机记录的高速旋转毛玻璃的状态和实际对激光调制毛玻璃区域的同步或一致；另一方面，由于毛玻璃的激光能量透过率只有 10%，对激光发射功率的巨大需求同样限制了它在实际中的应用。

这里介绍一种基于压缩感知的新型非扫描激光雷达。如图 7.8 所示，它采用把一束发射激光分为 N 束或采用 N 元的线性半导体激光脉冲发射器作为激光发射源，或采用矩形泛光激光发射模式——即采用长条矩形的光束对目标进行泛光照射，并行照射目标上的 N 点实现一维采样，通过飞行平台的移动实现对另一维空间的推扫。区别于简单地把激光测距仪做成线阵，该激光雷达只需要一个雪崩二极管，有效地突破了目前线阵雪崩二极管无法大规模集成的瓶颈问题。N 束激光或泛光激光经目标反射后的回波被 DMD 调制，这个步骤重复 M 次，每次采用随机改变 DMD 线阵的掩模实现对接收回波的调制。通过聚光镜汇总给单一的雪崩二极管实现在时间序列上的测量，一般来说 M 为线阵维数的 5%～10%即可，最后利用基于 ℓ_1 范数最小化的优化算法重建观测场景的距离图像。

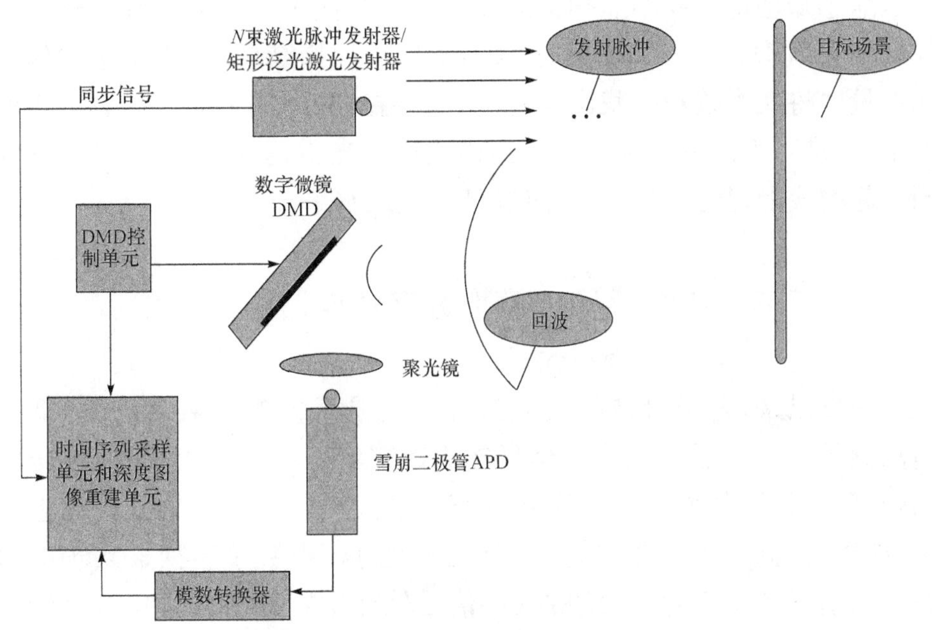

图 7.8　基于压缩感知的非扫描成像激光雷达

激光雷达作为主动遥感技术中的一种重要工具在过去的几十年中被广泛应用。通过对国内外发展现状和目前该领域最新研究进展的整理和分析，对机载激光雷达的未来发展趋势做出大胆预测：类似于光谱遥感相机的发展历程，在经过摆扫式的发展阶段后，激光雷达必然将朝着更为流行的推扫方式发展。正是结合这个发展趋势，介绍了这种以压缩感知为理论基础的新型非扫描激光雷达。利用线阵激光或泛光激光发射器，发射一个脉冲，多波束激光均匀照射到目标场景，不同距离的目标返回的回波时间不同，接收端采用单一的雪崩二极管在时间序列上采样而后转换成数字信号可以形成多个与时间切片相对应的测量值。这里把 DMD 作为压缩感知中的随机采样矩阵，实现对激光回波信号的随机调制。本质上来说，这里提出了一种结合 MIT 的最新重建算法和罗切斯特大学在接收端采用随机空间光调制器的新式非扫描激光雷达。

该激光雷达只需单一的雪崩二极管即可实现线阵推扫模式，这里把压缩感知的核心思想——随机采样应用在回波检测的部分。这种基于压缩感知理论的新型非扫描激光雷达一方面可以提高空间分辨进而提高覆盖效率;另一方面,由于取消了机械扫描结构,激光雷达的体积和重量也将大为改观。我国在传统激光雷达的研制上同国外有一定的差距,但是对于研制这种新式非扫描成像激光雷达,国内将和国外站在同一起跑线上,甚至有机会超过国外的发展水平。

7.3 压缩感知在模拟数字转换器中的应用

一直以来,电子科技的发展进程主要是从模拟向数字演变,低频向高频的演变。需要把模拟信号转成数字信号主要是出于存储、传输和处理的目的,然而处于数字化变革中的人类生活在一个模拟的世界中,如声音、温度和视觉等,因此首先要通过模拟数字转换器实现对原始模拟信号的采集,为后续的数字信号处理做好准备。模拟数字转换器可以说是现代信号处理技术的基础,没有该类器件的支持,整个数字信号领域将成为无根之木,无源之水。一般来说,如同大家熟知的摩尔定律所表述的一样,集成电路(IC)单位面积上可容纳的晶体管数目,约每隔 18 个月便会增加一倍,性能也将提升一倍。然而针对模拟数字(模数)转换器而言,这个周期却需要 6～8 年,模数转换器的发展远远落后于集成电路的发展,该项技术已经成为某些领域发展的瓶颈。例如,电子侦收领域和感知无线电领域都受限于模拟数字转换器的发展,这类应用的主要目标是研制宽带无线信号接收机,主要用于监视宽带频率范围内的信号,描述被检测出无线信号的特性,并力争从这些信号中提取有用信息。随着现代通信技术的飞速发展,电子侦收正朝着捕获高频、宽带和经复杂调制信号的方向发展。按照奈奎斯特采样定理,采样频率至少为目标带限信号最高频率的两倍,这就对模拟数字转换器提出了很高的要求。由于电子侦收信号包括通信信号、雷达信号和测控信号等多种形式,假设目标信号最高频率为 2GHz,当对目标信号直接采样时,奈奎斯特采样频率至少为 4GHz,而如果要求采样量化分辨率不少于 16 位,如图 7.9(见文后彩图)所示,通过列出全球最著名的四家模拟数字转换器制造商产品比对图,横轴表示最高采样频率，纵轴表述数字量化分辨率，其中的直线表示目前各个制造商所能制造的最优模拟数字转换器。由图可见，所需的指标(奈奎斯特采样频率为 4GHz，采样量化分辨率不少于 16bit)位于直线的右侧，所以目前模拟数字转换器的发展水平还远远没有达到这一要求。另外，即使模拟数字转换器满足其采样的需求，大量的采样数据对后续传输和存储都带来巨大压力，可见亟需一种高效的采样方法来解决这个瓶颈问题。

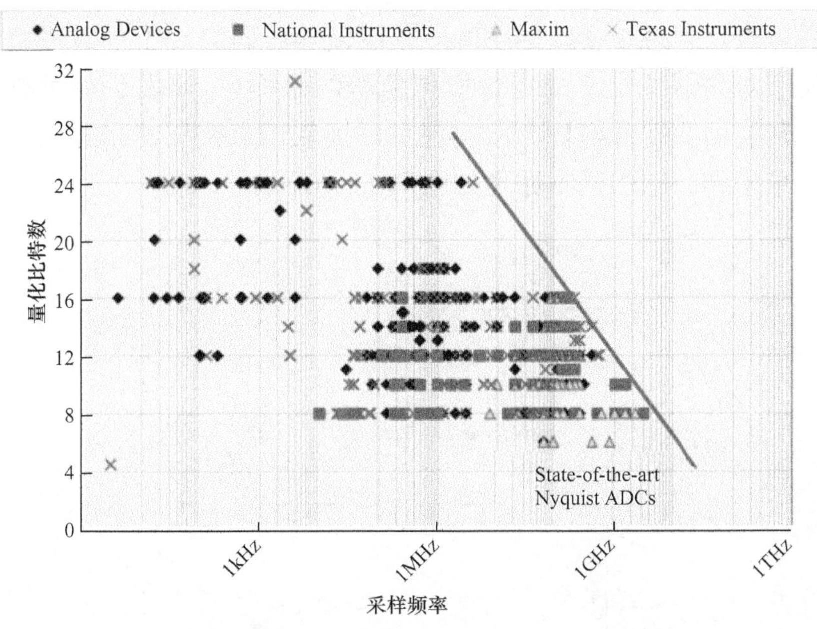

图 7.9　全球模拟数字转换器厂家系列产品性能比较图

值得庆幸的是，虽然电子侦收信号频率往往很高，但信号带宽通常很窄，正是这种在频谱域的稀疏特性，使得基于压缩感知的模拟数字转换器有了应用的理论基础。如图 7.10 所示，假设接收端目标捕获三个窄带信号，它们的载频分别为 f_1、f_2 和 f_3，其中这三个目标信号的最大带宽为 B，可见在整个奈奎斯特采样频率 f_{NYQ} 范围内，目标信号在频谱域内具有足够的稀疏特性。

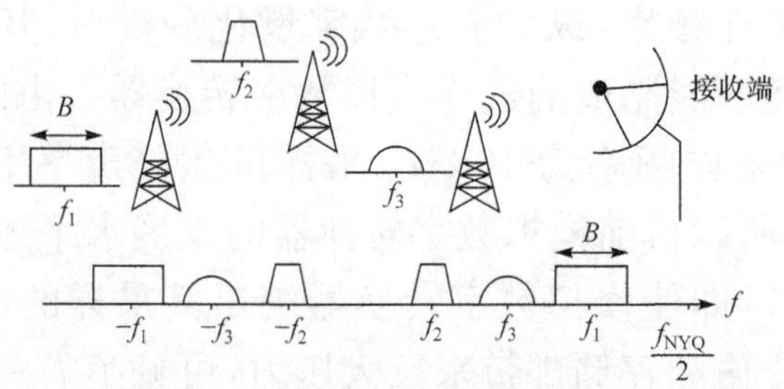

图 7.10　待采样目标信号在频谱域内稀疏特性示意图

最近以色列理工学院的 Eldar 教授领导的研究小组已成功将压缩感知用于对频谱域稀疏的宽带模拟信号的采样中，研发了一种称为调制宽带转换器的硬件模块[8,9]，实现了以远低于奈奎斯特采样频率对信号的信息采样。它的基本原理如图 7.11 所示。

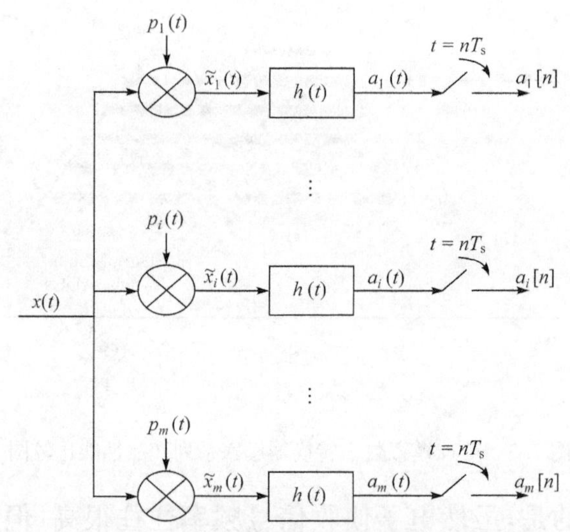

图 7.11　调制宽带转换器原理示意图

射频信号 $x(t)$ 同时进入 m 路通道，分别与周期为 T_p 的周期信号 $p_i(t)$ 相乘，$p_i(t)$ 可以是分段线性函数，在每个时间片段 $\frac{T_p}{M_p}$ 中任意改变符号既可能是 $+1$ 也可能是 -1，其中 M_p 表示信号 $p_i(t)$ 在每个周期 T_p 内的符号个数。调制宽带转换器中的通道个数 m 由采样目标信号的个数决定，通常来说，m 需要大于等于 2 倍目标信号的个数。目标信号分

成 m 路与周期信号相乘的过程，本质上也是把目标信号频谱延展的过程，这是因为时域中的相乘相当于频域中的卷积，而周期信号 $p_i(t)$ 本质上是一个服从伯努利分布的宽带信号，所以实现了把原来的频谱域稀疏的目标信号扩展到整个频域中。接下来这 m 个混叠信号需要通过一个截止频率为 $\frac{1}{2T_s}$ 的低通滤波器，最后再通过采样率为 $\frac{1}{T_s}$ 的常规模数转换器来对 $a_i(t)$ 实现采样（需要确保 $\frac{1}{T_s}\geqslant B$）。这里值得注意的是低通滤波器的截止频率和最后的采样频率需要匹配，同时确保这 m 路固定周期信号保持独立，即每个周期信号 $p_i(t)$ 均互不相关。该系统的实际采样率为 $\frac{m}{T_s}$，远小于奈奎斯特采样率 f_{NYQ}，这可以极大地降低采样个数，同时满足较高的动态范围。Eldar 教授的实验数据表明，针对最高频率不大于 2.2GHz 的三个目标信号（最大带宽不大于 50MHz），可以实现只需 280MHz 的模拟数字转换器即可完成采样，而重建目标信号的过程只需要 10ms。与常规采样方法不同，这类系统在采样的同时也实现了对原始信号的压缩，所以极大地降低了数据存储和传输的压力。特别需要指出的是，该系统区别于传统的奈奎斯特采样，不是所采即所得，它需要一个相对复杂的信号重建过程，该重建过程对功耗、体积和重量的要求有所增加，但由于该系统前端采用简单的随机线性测量，计算复杂度低，因而在星载侦收方面和战时单兵无线电感知方面具有巨大的应用前景。

7.4　压缩感知在射电天文中的应用

早在 20 世纪 30 年代，贝尔电话实验室的一位无线电工程师，在研究经常伴随着无线电接收而产生的静电时，偶然发现了一种指向性非常强并非常稳定的“底噪”，这种噪声不可能来自任何通常的噪声源，而后才证实是来自外层空间宇宙天体发出的电磁波。严格来说，从 20 世纪 40 年代射电天文才开始蓬勃发展。与传统的光学天文对比而言，其相同点是，射电望远镜同光学反射望远镜的原理相似，接收的电磁波被一精确镜面反射后,同相到达公共焦点,抛物面状镜面易于实现同相聚焦,因此,射电望远镜天线大多是抛物面。射电天文与传统光学天文的不同点是,它们观测电磁波的频率区间不同,一般来说,可见光只是这个电磁波家族中的一小部分而已,由于地球大气的阻拦,从外层空间到达地面的无线电波波长通常在 1mm～30m,而射电天文的观测范围也以此区间为主,该波长范围可以有效避免大气的影响,也不用担心白天的光污染,因而对比历史悠久的光学天文而言,射电天文使用的是一种全新的观测方式,虽然比光学天文的发展晚了许多年,但却成为当今天文学观测手段的重要一支。

7.4.1 去卷积

从天体辐射到天线上并汇集到望远镜焦点的无线电波,必须达到一定的功率电平才能被接收机检测到。首先在焦点处把射频信号功率放大 10～1000 倍,并调制成低频或中频,然后用电缆将其传送至控制室,在那里再进一步放大、检波,最后以适于特定研究的方式进行记录、处理和显示。其中表征射电望远镜性能的一个基本指标是空间分辨率,它反映区分天球上彼此靠近的两个射电点源的能力。分辨率的单位通常使用角弧度来表示。一般来说,人眼的平均空间分辨率为一个角分。射电天文中的分辨率与光学天文的分辨率一样都服从瑞利准则,即分辨率$\Delta\theta=\frac{1.22\lambda}{D_T}$,其中 λ 表示的是观测波长,D_T为天文望远镜的直径。当希望观测分辨率为 1 角秒时,在传统的可见光观测范围,如 $\lambda=500$nm,只需要一个直径为 125mm 的光学天文望远镜即可,这当然不是一个问题。然而针对射电天文观测时,情况则完全不同,当观测波长为 10cm 时,假如同样希望观测分辨率为 1 角秒,理论上将需要一个直径为 25km 的射电天文望远镜,这当然是不现实的。这时,科学家就引入了射电干涉仪,既然无法建一个巨大的射电天文望远镜,那就采用多个相对小的射电天文望远镜合成一个大口径的射电天线,这就是射电干涉仪的基本概念。射电干涉仪和单孔径观测一样,也近似服从瑞利准则,然而这里的 D_T是两个天线之间的间距,由于 D_T可以很大,故干涉仪可以得到比单孔径望远镜窄得多的方向瓣。对于特定的单个射电望远镜,其方向瓣的宽度就决定了观测所能达到的分辨率。以一个最简单的包含两个天线的射电干涉仪为例,如图 7.12 所示,两个天线指向同一个观测方位,但由于每个天线与观测目标之间的距离不同,观测目标发出的电磁波到达各自天线的时间也会不同,然而当两个天线采集的信号步调完全一致时,所得信号最强。当两个天线采集信号步调完全相反时,所得信号最弱。同一列波到达两处天线的步调,与两个天线接收器在距离垂直于电磁波传播方向的分量有关,而垂直于电磁波传播方向的分量会随着地球自转而改变。通过观测这种类似于光学干涉图强度变化的方式,可以区分出天空中待观测目标的辐射强度分布。两个天线的距离称为基线(baseline),由于观测角度的变化,基线在天球上的投影也会相应不同,根据 Van Cittert-Zernike 定理[10]可知,射电干涉仪的观测数据 $V(u,v)$是一个二维空间观测目标亮度 $I(x,y)$的傅里叶变换系数:

$$V(u,v)=\int I(x,y)\,\mathrm{e}^{2\pi\mathrm{j}(ux+vy)}\,\mathrm{d}x\mathrm{d}y \tag{7.1}$$

其中,u 和 v 表示的是射电干涉仪的基线矢量;$I(x,y)$表示的是二维观测目标在坐标 x 和 y 处的亮度。注意,这里没有考虑由地面起伏造成的天线与朝向观测目标的基线距离上的差异,因为与观测目标距离相比,这个值可以忽略不计。为了获取更好的 uv 覆盖(通常指射电阵列对观测目标中空间频率的采样情况,阵列中的基线越长,探测到的空间频率越高;反之,基线越短,探测到的频率就越低),即获取更多的傅里叶系数(由于每个天线对在一个特定的观测方向上只能获得在 uv 覆盖上的一个傅里叶系数),科学家们通常建造多个天线组成射电天文阵列,这样其中任意两个天线都可以组合在一起获得观测值。为了进一步获得更多的射电干涉仪测量值,一方面可以利用地球的自转,这是因为地球自转可以使得两个天线的基线针对观测目标在 uv 平面上的投影发生变化,从而可以获得不同位置的观测值;另一方面,也可以把天线建成有轨道可以调整基线距离的射电天文阵列,如建于美国新墨西哥州沙漠之中的 VLA(very large array)[11]和澳大利亚 Narrabri 的 ATCA (Australia telescope compact array)[12]。

根据奈奎斯特定理可知，如果我们获得观测目标在二维空间中的亮度图，则需要获得 uv 平面中的每个傅里叶系数，虽然通过前面介绍的两种方法可以在一定程度上提高观测效率，但想获得 uv 平面中的每个傅里叶系数，在实际情况中是不现实的。

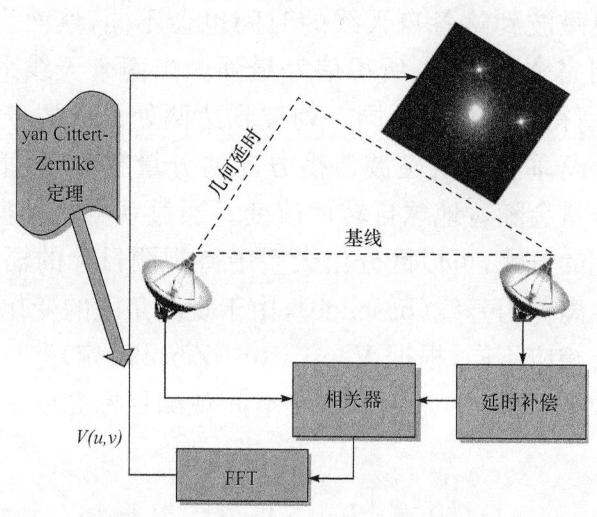

图 7.12　射电干涉仪的原理示意图

由于只能通过射电天文阵列观测到部分傅里叶变换系数，上述问题可以表示为

$$M_{\text{mask}}FI=V \tag{7.2}$$

其中，矢量 I 表示待观测目标的空间亮度图，它在射电天文领域也称为模型图像；矢量 V 表示通过射电天文阵列获得的观测数据，需要指出的是，在矢量 V 中包含很多零元素，因为凡是在无法获得观测数据的 uv 平面中都设成零元素；矩阵 F 为傅里叶变换矩阵；矩阵 M_{mask} 是一个二进制的掩模矩阵，如果矢量 I 和 V 的大小为 n，则掩模矩阵 M_{mask} 的大小为 $n\times n$，其中 1 表示的是在相应的位置上能够获得观测数据，0 则表示在该位置上没有观测数据。如果在式(7.2)两边同时乘以傅里叶逆变换矩阵 F^{-1}，则有

$$F^{-1}M_{\text{mask}}*I=F^{-1}V \tag{7.3}$$

其中，$*$ 表示卷积符号；$F^{-1}V$ 在射电天文领域称为脏图，即把映射在 uv 平面上的观测数据直接做傅里叶逆变换获得的图像；$F^{-1}M_{\text{mask}}$ 在信号

处理领域称为点扩散函数,而在射电天文领域则称为脏束。一般来说,通过射电天文阵列获得的脏图实际上是模型图像与脏束卷积的结果,所以射电天文中的一个最本质的问题是基于脏图和脏束计算出模型图像的过程,所以这个难题也经常被称为去卷积(deconvolution)。目前在射电天文界,普遍流行的去卷积方法是由 Högbom 提出的 CLEAN 方法[13]和 Cornwell 提出的 Multiscale CLEAN 方法[14]。这两种方法本质上都属于匹配追逐法,不同之处在于,Högbom 提出的 CLEAN 方法主要是在脏图中寻找峰值,然后脏图在峰值位置减去按一定比例缩小的脏束形成残余图像,之后的循环就是不断地从残余图像中找峰值,而后在相应位置上减去按一定比例缩小的脏束更新残余图像,直到残余图像的峰值小于某一个阈值,该算法才终止。该方法主要针对点源(point sources)目标非常有效,当遇到射电展源(extended sources)目标时,该方法的效率就会非常低。在宇宙中,大多数天体都可能是射电源,已发现的射电源有三万多个。射电源类型很多,按视角径大小可分为点源和展源两类,点源的角径远小于展源。针对展源情况,Cornwell 提出了 Multiscale CLEAN 方法,即多级次的 CLEAN 方法,该方法的本质是采用多级二维高斯模型与残余图像相关性的峰值来取代单个峰值点的寻找,同时残余图像相应的峰值位置减去该级高斯模型与脏束的卷积进而更新残余图像,因而它在处理射电展源目标时的效率会比传统的 CLEAN 效率要高。这两种去卷积方法在射电天文领域堪称里程碑式的方法,尤其是 CLEAN 方法,从首次被提出至今已经有几十年,不仅集成于几乎所有的天文图像处理软件中,而且它的思想在射电天文其他领域也有所应用[15]。

严格意义上讲,压缩感知在射电天文领域中的最直接应用应该是构建射电天线的布局,即构建部分傅里叶采样矩阵,这是因为部分傅里叶采样矩阵完全符合压缩感知理论的约束等距特性,理应结合地理位置确定多个射电天线的布局,从而确保部分傅里叶采样矩阵满足随机性。然而针对特定的天文阵列,已经无法改变它的布局,所以这里主要介绍基于压缩感知的去卷积方法。由式(7.3)可知,在射电天文的去卷积问题中,因为无数个模型图像与脏束卷积后都可以获得同样的脏图,这是一个病态问题，无数个解都满足退化方程，只有依靠一些先验知识才能从众多的解中选出真正的解，因而这里将结合最新压缩感知理论提出一种全新的方法来解决这个问题。

假设观测目标是点源，即射电源在空域本身是稀疏的，因而直接把压缩感知的重建方法用于此处，就可以获得在没有噪声情况下的解决方法：

$$\min \|I\|_1, \quad \text{s.t.} \quad M_{\text{mask}}FI=V \tag{7.4}$$

对于有噪声的情况，则可以通过式(7.5)来解决去卷积问题：

$$\min \|I\|_1, \quad \text{s.t.} \quad \|M_{\text{mask}}FI-V\|_2\leqslant\varepsilon \tag{7.5}$$

其中，ε 表示观测数据的不确定性，即噪声的幅度。

这个方法因为直接利用了采样矩阵为部分傅里叶矩阵同时目标信号在空域本身稀疏的特点，所以这个问题就是第 4 章中描述的 BP(basis pursuit)，针对这种问题的求解，完全可以参考压缩感知的常规重建算法。

当观测目标是点目标时，上述方法的效果非常好，这是因为观测目标本身在空域就具有稀疏性。然而在很多情况下，待观测射电目标是展源，上述方法很明显并不适用，这时就需要利用一种稀疏性表达方法来挖掘展源目标的稀疏性。这里介绍一种各向同性冗余小波(lsotropic undecimated wavelet transform，IUWT)[16]，该小波非常适合描述天文图像，这是因为一方面冗余小波本身具有移不变特性；另一方面，宇宙中的很多天体都具有各向同性的特点[17]。IUWT 采用一组非正交滤波器：低通滤波器为$h^{1D}=[1,4,6,4,1]/16$，高通滤波器为$g^{1D}=\delta-h^{1D}=[-1,-4,10,-4,-1]/16$。由于其滤波器的特殊构造，在真正实现该小波变换时，只需要应用低频滤波器即可[16]，高频成分可以通过当前级小波减去由低通滤波后的低频成分获得。如果小波变换级数为 l，常规的冗余小波将形成 $3l+1$ 个子带，而与此相对比的是，IUWT 变换后将包含 $l+1$ 个子带，所以 IUWT 比常规的冗余小波需要更少的计算量和更少的存储空间。正是因为 IUWT 的诸多优点，针对射电展源，这里介绍了一种基于 IUWT 变换和压缩感知的去卷积方法[18]。

如果把 IUWT 变换表示为 W，它的逆变换表示为 W^{-1}，则基于 IUWT 和压缩感知的去卷积方法 IUWT-CS 可以表示为

$$\min \|\alpha\|_1, \quad \text{s.t.} \quad M_{\text{mask}} F W^{-1} \alpha = V \tag{7.6}$$

其中，$I=W^{-1}\alpha$，α 表示的是经 IUWT 变换的小波系数，它是待观测目标亮度图像的稀疏表示。我们知道，有无数个解满足图像的退化过程 $M_{\text{mask}}FI=V$，当选取一个使得 IUWT 变换最稀疏的解时，该解即为原始射电图像。针对有噪声的情况，有

$$\min \|\alpha\|_1, \quad \text{s.t.} \quad \|M_{\text{mask}} F W^{-1} \alpha - V\|^2 \leqslant \varepsilon \tag{7.7}$$

式(7.6)和式(7.7)可以改写为拉格朗日格式：

$$\min \lambda \|\alpha\|_1 + \|M_{\text{mask}} F W^{-1} \alpha - V\|^2 \tag{7.8}$$

从贝叶斯理论的角度看，式(7.8)中 λ 可以看成一个用于平衡前面的先验模型 $\|\alpha\|_1$ 和后面最大似然模型 $\|M_{\text{mask}} F W^{-1} \alpha - V\|^2$ 的参数。这里采用一种快速循环截断门限算法(fast iterative shrinkage-thresholding algorithm，FISTA)[19]。FISTA 是一种基于一阶梯度的 ℓ_1 范数最小化方法，它是一种提高 ISTA[20] 收敛速度的新方法，它的循环截断操作不只作用于上轮优化结果，还作用于前两轮循环结果的线性组合。

为了验证这种基于 IUWT 变换和压缩感知去卷积方法 IUWT-CS 的有效性，将与 CLEAN 方法[13] 和 Multiscale CLEAN 方法[14] 做比较。采用的测试图像模型大小为 256×256 个像元，如图 7.13(a)所示，这个测试模型的亮度范围为 0～0.0065 Jy/pixel，其中 Jy 是光谱通量密度单位，$1\text{Jy}=10^{-26}\text{W}/(\text{m}^2\cdot\text{Hz})$。需要指出的是，图中的显示范围均为[0，0.006]Jy/pixel，显示幂次比例系数为−1.5(这个显示参数在图像动态范围很大时是很有帮助的，其本质是把目标信号超出显示范围的信号线性分割 $0\sim10^{-1.5}$ 区间，把取对数后的每个区间值映射到显示范围上)。本实验中，假设采用的射电阵列天线是在澳大利亚西部 Boolardy 的平方公里阵列探路者(Australian square kilometre array pathfinder，ASKAP)，ASKAP 由 36 架碟形天线组成，每架天线的直径为 12m，这些天线中最长的基线为 6km，最短的基线为 22m，中心位置的 30 个天线分布在一个半径为 2km 的区域内。根据瑞利准则可以得出，当工作频率为 1GHz 时，ASKPA 中单个天线的主波束的分辨率为 1.43°。这

里只选用了中心位置的 30 个天线，所以 ASKPA 阵列可以合成的最高的角分辨率可以达到 30 角秒，为了满足奈奎斯特采样定律，把 uv 平面上的最小栅格的角分辨率定为 6 角秒，观测范围为 2048×2048 个像元，所以把测试图像的周边填充 0，形成大小为 2048×2048 的测试图像模型，如图 7.13(b)所示。假设把测试图像置于以赤纬 $-45°$，赤经 12h30m00.00(历元 J2000，在天文学上，历元是为指定天球坐标或轨道参数而规定的某一特定时刻)为中心的区域。ASKAP 本身位于纬度 $-27°$，并且内置宽带接收机，观测频率为 700MHz～1GHz，包含 30 个频段，每个频段的带宽为 10MHz，这种基于宽带接收机的多频率观测有助于填充 uv 平面(7.4.2 节将会详细介绍)，这个仿真实验的积分时间为 60s，观测时间是 1h，影响观测噪声的系统温度假设为 50K。基于上面的 ASKPA 参数，仿真实验形成的 uv 平面可以参考图 7.13(c)，基于这个 uv 平面形成的点扩散函数可以参考图 7.13(d)，则通过该仿真实验获得的脏图如图 7.13(e)所示。

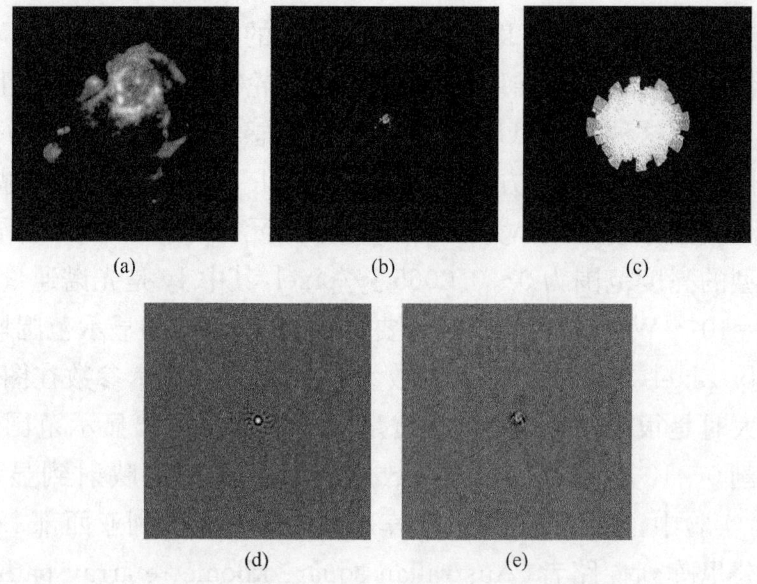

图 7.13　生成仿真测试数据

为了更好地评估射电天文的去卷积结果，先介绍一些射电天文中常用术语的定义：脏束用于表示与 uv 覆盖图相对应的点扩散函数，残余图像＝脏图－脏束＊图像模型，重建图像＝净束＊图像模型＋残余图像，其中射电天文中的净束是一个二维高斯分布函数，使得它的水平和垂直方向的最大半波宽与脏束相同。在这个实验中，脏图的最大半波宽分别为 24.58 角秒和 21.79 角秒，由于每个像元的尺寸为 6 角秒，它的最大半波宽分别为 4.10 像元和 3.63 像元，所以该净束的标准方差为 1.74 和 1.54。为了验证仿真结果，采用如下指标：

$$\text{动态范围(DR)}=\frac{\max(\text{重建图像})}{\text{RMS 误差}} \tag{7.9}$$

$$\text{均方根误差(RMS)}=\sqrt{\frac{\sum(\text{残余图像})^2}{\text{像元个数}}} \tag{7.10}$$

$$\text{逼真度(FD)}=\text{median}\left\{\frac{\text{原始图像模型}}{|\text{模型}-\text{原始图像模型}|}\right\} \tag{7.11}$$

仿真结果如图 7.14 所示，为了更好地显示细节，这里只展示了包含观测目标中心区域的结果。其中图(a)、(d)、(g)、(j)显示的是模型，图(b)、(f)、(h)、(k)显示的是残余图像，图(c)、(f)、(i)、(e)显示的是重建图像。图(a)～(c)显示的是 CLEAN 方法的结果，图(d)～(f)是 Multiscale CLEAN 方法的结果，图(g)～(i)是 BP 方法的结果，图(j)～(e)展示的是我们提出的 IUWT-CS 仿真结果。由图可以看出，通过传统的 CLEAN 方法重建的模型(图(a))明显带有点状特征，这与其算法的本质是一致的，因为该方法将把展源看成由无数个点源构成，逐点采用 CLEAN 方法去卷积，不仅效率低下，而且残余图像不平整，直接导致重建图像较为模糊。采用 Multiscale CLEAN 方法和 BP 方法的残余图像有较多的能量留存其中，尤其是 Multiscale CLEAN 方法，这些都导致重建图像的清晰度不够。很明显，IUWT-CS 方法重建的模型最接近原始输入模型，它的残余图像也是最平整的，同时采用 IUWT-CS 方法重建的图像清晰度也是最高的。不仅从视觉上可以看出 IUWT-CS 方法的结果明显优于 CLEAN 方法、Multiscale CLEAN 方法和 BP 方法，表 7.3 中的定量比较结果也进一步表明 IUWT-CS 方法的结果明显优于 CLEAN 方法、Multiscale CLEAN 方法和 BP 方法。

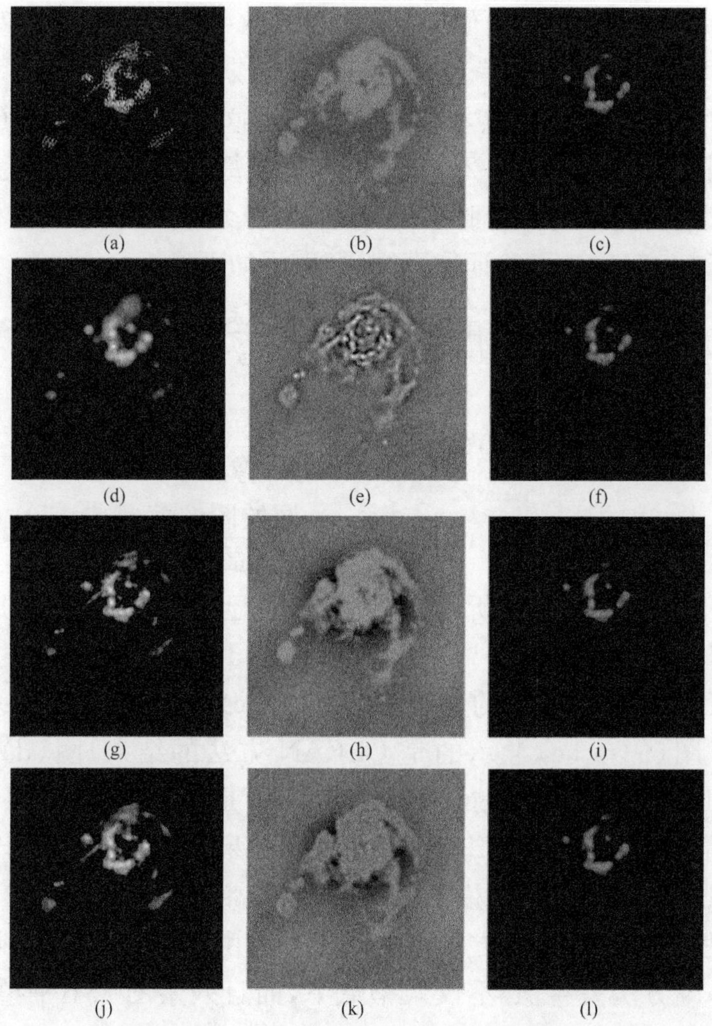

图 7.14 基于图 7.13 的中心区域的仿真结果

表 7.3 IUWT-CS 方法与其他去卷积方法的定量比较结果

	CLEAN[13]	Multiscale CLEAN[14]	BP	IUWT-CS
DR	188	166	154	186
FD	1.292	2.337	1.965	2.569
时间/min	34	17	1	3

7.4.2 多频率合成

正如 7.4.1 节介绍的那样,射电干涉仪获取的观测值通常为目标天体互相关函数的傅里叶变换系数，它通常可以理解为一个包含了观测目标特性、uv 平面和观测频率的函数。针对一个并不完整的 uv 覆盖，重建观测目标图像的过程称为去卷积。一般来说，uv 平面覆盖越完整，重建观测目标图像的精度越高，通常有以下四种方式来改善 uv 平面覆盖。

(1) 增加射电望远镜的个数，获取更多的观测数据，进而更好地覆盖 uv 平面。这是最为直观的方式，也是最为昂贵的方式，在很多情况下无法实现。

(2) 利用地球的旋转来帮助提升 uv 平面覆盖，这是一种很高效的方式，然而在某些观测要求下，还是无法满足 uv 平面覆盖要求，这是因为一个干涉仪(即一对射电天线)只能在 uv 平面中增添一条弧线。

(3) 改变每对射电天线的基线，即调整射电天文阵列的空间位置，也可以提高 uv 平面的覆盖效率，当然前提是用于观测的射电天文阵列是可以调整空间位置的(如 VLA 阵列装配有轨道)。

(4) uv 平面是与观测频率紧密相关的，为射电天文阵列装配宽带接收机，也是一种高效改善 uv 平面覆盖效率的方式。对每个干涉仪而言，宽带接收机可以在不同观测频率下同时获取多个观测值，所以这是目前射电天文阵列普遍采用提高 uv 覆盖的方式。

如果待观测天文目标在整个宽带接收机频率范围内辐射特性是不变的，则从图 7.15(见文后彩图)可以看出，采用宽带接收机可以极大地提高 uv 平面覆盖效率，然而事实上，宇宙中有许多辐射源在不同的频率具有不同的辐射特性，如图 7.16(见文后彩图)所示。

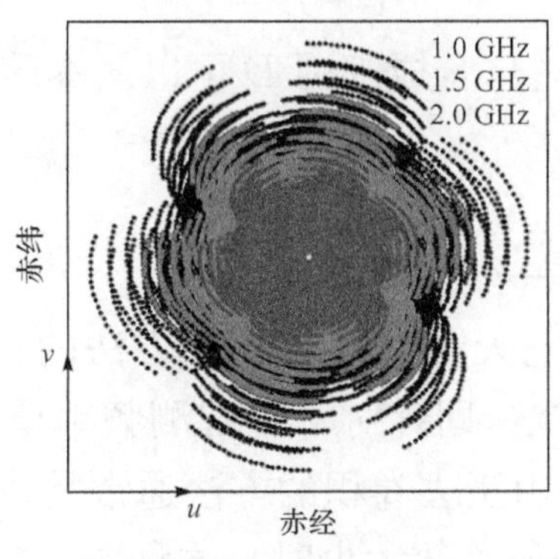

图 7.15　不同观测频率下的测量值有助于填充 uv 覆盖

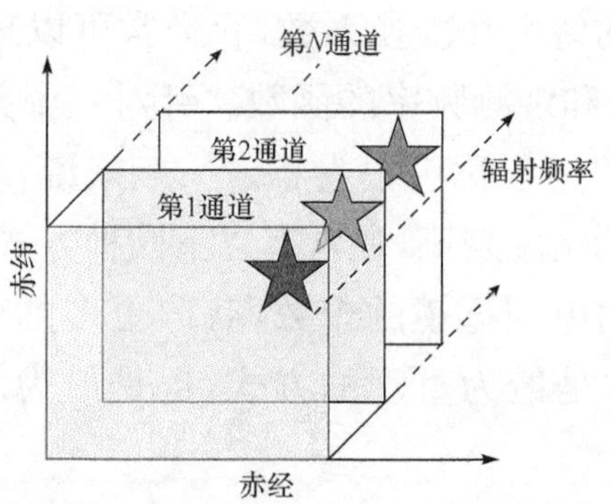

图 7.16　辐射源在不同的频率具有不同的辐射特性

一般来说,当接收机频率范围小于观测中心频率的±12.5%、动态范围小于 1000 : 1 时[21],可以假设待观测目标在该频率范围内辐射特性是不变的,进而可以采用常规的去卷积方法来重构观测目标。然而,现代射电天文望远镜的宽带接收机的带宽常常可以覆盖中心频率的±50%,这就使得待观测目标在整个宽带接收机频率范围内辐射特性不变的假设很难成立。如何有效地利用宽带接收机的测量值来获得高质量天文图像是当代射电天文学家所面临的挑战之一,这个问题在射电天文领域也称为多频率合成(multi-frequency synthesis, MFS)。

假设在第 i 频率获取的观测值为 v_i($i=1,\cdots,N$,其中 N 表示宽带接收机的通道个数),天文图像在频率 i 可以表示为 I^i。射电天文阵列在频率 i 形成的点扩散函数表示为 B^i,类似地,相应的脏图表示为 D^i,所以有

$$I^i * B^i = D^i \tag{7.12}$$

其中,$*$ 表示卷积运算符,合成脏图 D 可以从本质上理解为把在各个单频率脏图合成的结果:

$$\sum_{i=1}^{N} I^i * B^i = \sum_{i=1}^{N} D^i = D \tag{7.13}$$

基于 7.4.1 节关于射电天文图像去卷积方法的讨论,可以很容易得出一种最简单、直接的方法,即针对每个观测频率单独采用去卷积的方法重构天文图像 I^i,然而由于去卷积的方法通常是非线性的,当 uv 覆盖不是很理想时(即当观测值个数太少时),这种方法并不适用。

多频率合成的本质是利用辐射源天体在不同频率不同辐射特性的

内在关系，重建出一个在参考频率 v_r 下的目标图像 I^r 和一个描述不同频率下辐射特性内在关系的谱系数。一个较为流行的描述天体目标辐射特性与辐射频率 v_i 内在关系的表达式为[22]

$$I^i = I^r \left(\frac{v_i}{v_r}\right)^{\alpha_s} \tag{7.14}$$

其中，α_s 就是上面所说的谱系数，正是这种待观测天体在不同频率下频谱辐射存在幂指数关系的特性，为多频率合成提供了理论保障。这里值得指出的是，谱系数是一个与空间位置相关的参数，不同的观测目标具有不同的谱系数，同一天体目标的不同位置也可能具有不同的谱系数。一般来说，MFS 的本质就是重建出待观测目标在不同频率下的数据立方体和一个较为平坦的残余图像。

针对这个 MFS 问题，一些学者提出了几个具有代表性的方法，如双重去卷积（double deconvolution）[21]、MFS-CLEAN[22] 和 MFS-MSCLEAN 方法[23]，本质上来说这些方法都是基于前面介绍的 CLEAN 方法的思想，却略有不同。双重去卷积方法从名字上就可以看出它需要两个去卷积的步骤，首先采用合成的脏束（composite dirty beam）去卷积，然后再采用谱束（spectral beam）来实现去卷积（下面会给出关于合成脏束和谱束的具体定义）。这个方法很简单，然而它的缺点是很难找到一个适当的阈值来停止第一个去卷积的步骤而开启第二个去卷积的步骤。MFS-CLEAN 方法的特点是可以同时重构出来自合成脏束和谱束的贡献分量，缺点是该方法针对点源目标有很好的表现，但不适合射电展源目标。MFS-MSCLEAN 方法本质上是基于 MFS-CLEAN 方法和 multiscale CLEAN 方法[14]的扩展，该方法同样采用不同大小的类似二维高斯成分来分解射电展源目标，该方法的特点是可以同时重构出来自合成脏束和谱束所贡献的分量，缺点是需要巨大的计算量和内存。上面这些方法的缺点限制了它们在解决实际问题中的表现和效率，随着压缩感知理论的发展与成熟，为我们提供了新的技术手段。

针对式(7.14)，采用一阶泰勒级数展开，可以有

$$I^i \approx I^r + \alpha_s \left(\frac{v_i - v_r}{v_r}\right) I^r \tag{7.15}$$

把式(7.15)代入式(7.13)，可以得到

$$\sum_{i=1}^{N}\left[I^{\mathrm{r}} * B^{i}+\alpha_{\mathrm{s}}\left(\frac{v_{i}-v_{\mathrm{r}}}{v_{\mathrm{r}}}\right) I^{\mathrm{r}} * B^{i}\right]=D \tag{7.16}$$

式(7.16)可以改写为

$$I^{\mathrm{r}} * \sum_{i=1}^{N} B^{i}+\alpha_{\mathrm{s}} I^{\mathrm{r}} * \sum_{i=1}^{N}\left(\frac{v_{i}-v_{\mathrm{r}}}{v_{\mathrm{r}}}\right) B^{i}=D \tag{7.17}$$

如果采用B_0 表示 $\sum_{i=1}^{N} B^{i}$，也就是前面所说的合成脏束；B_1 表示 $\sum_{i=1}^{N}\left(\frac{v_{i}-v_{\mathrm{r}}}{v_{\mathrm{r}}}\right) B^{i}$，即为前面提到的谱束，则式(7.17) 变为

$$I^{\mathrm{r}} * B_{0}+\alpha_{\mathrm{s}} I^{\mathrm{r}} * B_{1}=D \tag{7.18}$$

针对已知的射电天线阵列，可以很容易算出合成脏束B_0和谱束B_1，所以多频率合成问题可以理解为基于合成脏图 D、合成脏束B_0 和谱束B_1 来重建出参考频率的图像模型I^{r}和谱系数α_{s}的过程。

由于时域/空域中的卷积运算符等同于在频域中的乘积，把式(7.18)变换到频域中，可以有

$$\bar{A}\bar{x}+\bar{B}\bar{y}=v \tag{7.19}$$

其中，$\bar{x}$、$\bar{y}$分别表示图像模型I^{r}和谱模型$\alpha_{\mathrm{s}} I^{\mathrm{r}}$的矢量表示；$\bar{A}$、$\bar{B}$分别为合成脏束和谱束在频域下的矩阵表示；而 v 则为天线阵列的观测值的矢量表示。从式(7.19)可见，该模型非常接近压缩感知的框架，但是矩阵$\bar{A}$和$\bar{B}$ 中列矢量的欧几里得范数差别很大。例如，针对澳大利亚平方公里阵列探路者而言，工作在波段时，宽带接收机包含 300 个通道，每个通道带宽为 1MHz 时，$\|\bar{A}\|_2 \gg \|\bar{B}\|_2$。根据压缩感知中的约束等距特性[24]，采样矩阵中每列的欧几里得范数应该相等或接近，然而根据方程(7.19)的表述，很难遵从约束等距特性。

为了能够借鉴压缩感知的重构算法，通过下面的变换来实现。从方程((7.15)可知，宽带接收机通道 1 的I^1和通道 N 的I^N可以表示为

$$I^{1}=I^{\mathrm{r}}+\alpha_{\mathrm{s}}\left(\frac{v_{1}-v_{\mathrm{r}}}{v_{\mathrm{r}}}\right) I^{\mathrm{r}} \tag{7.20}$$

$$I^{N}=I^{\mathrm{r}}+\alpha_{\mathrm{s}}\left(\frac{v_{N}-v_{\mathrm{r}}}{v_{\mathrm{r}}}\right) I^{\mathrm{r}} \tag{7.21}$$

经过简单的代数变换，可以有

$$I^{\mathrm{r}}=\left(\frac{v_{\mathrm{r}}-v_1}{v_N-v_1}\right)I^N+\left(\frac{v_N-v_{\mathrm{r}}}{v_N-v_1}\right)I^1 \tag{7.22}$$

$$\alpha_{\mathrm{s}}I^{\mathrm{r}}=\left(\frac{v_{\mathrm{r}}}{v_N-v_1}\right)I^N-\left(\frac{v_{\mathrm{r}}}{v_N-v_1}\right)I^1 \tag{7.23}$$

把式(7.22)和式(7.23)代入式(7.18)，有

$$\left(\frac{v_{\mathrm{r}}-v_1}{v_N-v_1}I^N*B_0+\frac{v_{\mathrm{r}}}{v_N-v_1}I^N*B_1\right)+\left(\frac{v_{\mathrm{r}}-v_1}{v_N-v_1}I^1*B_0-\frac{v_{\mathrm{r}}}{v_N-v_1}I^1*B_1\right)=D \tag{7.24}$$

同样地，式(7.24)可以改写为

$$Ax+By=v \tag{7.25}$$

其中，$A=\left(\frac{v_{\mathrm{r}}-v_1}{v_N-v_1}\right)\bar{A}+\left(\frac{v_{\mathrm{r}}}{v_N-v_1}\right)\bar{B}$；$B=\left(\frac{v_{\mathrm{r}}-v_1}{v_N-v_1}\right)\bar{A}-\left(\frac{v_{\mathrm{r}}}{v_N-v_1}\right)\bar{B}$；$x$、$y$分别为图像模型$I^N$和$I^1$的矢量表示。比较式(7.19)和式(7.25)，经过这一系列变换，有如下优点。

(1) 使得多频率合成问题变得更加简洁易懂，宇宙中的射电辐射源本质上是一个三维的立方体(二维空间图像，加上一个频谱维度)，通过射电天文阵列天线的宽带接收机获得的各个频率上的观测值可以理解为把一个三维立方体投影到二维的 uv 平面上，所以多频率合成问题本质上是一个基于在二维 uv 平面上的观测值来重构射电辐射源的三维立方体的过程。

(2) 经过上述的系列变换，矩阵 A 和 B 中每列的欧几里得范数变得很接近，这才是我们的根本目的，因为这样有利于压缩感知重建。

(3) 因为知道 x、y(或I^N和I^1)表述的是天体目标的图像模型，天体目标的辐射值不可能为负值，所以在求解过程中可以加上正数的约束条件。

(4) 在求解的过程中，还可以利用额外的有用信息，例如，当 $x(j)=0$ 时(j 表示观测图像在空间中的某个位置)，很有可能 $y(j)$也为0，反之亦然。

综上所述，上面的代数变换对于把压缩感知重构方法引入到解决多频率合成问题具有重要意义。接下来介绍一种基于压缩感知的多频

率合成方法，针对点源目标的 MFS-CS 方法。如果假设观测目标在空域本身就是稀疏的，根据压缩感知的重构方法，在无噪声的情况下，可以直接得出如下解决方案：

$$\min\{\|x\|_1+\|y\|_1\},\quad \text{s. t.}\quad Ax+By=v \tag{7.26}$$

针对有噪声的情况，可以有

$$\min\{\|x\|_1+\|y\|_1\},\quad \text{s. t.}\quad \|Ax+By-v\|\leqslant\varepsilon \tag{7.27}$$

其中，ε 表示在观测中引入的误差。

基于 7.4.1 节中 FISTA[19]的良好表现，这里同样采用该算法来解决多频率合成的问题。在 FISTA 中，Lipschitz 常数用于限制循环步长大小，为了避免忽略矩阵 A 和 B 中很小的元素使得 Lipschitz 常数等于 1，把约束条件改为$\|S^{1/2}(Ax+By-v)\|_2$，其中 $S=(AA^{\mathrm{T}}+BB^{\mathrm{T}})^{-1}$。矩阵 S 可以很容易计算出来，因为 AA^{T}和 BB^{T}均为对角矩阵；同时因为矩阵 A 是通过 uv 平面上的观测值构建的，AA^{T}一定是满秩矩阵，所以矩阵 S 一定是满秩。

接下来，将讨论基于 FISTA 求解 MFS-CS 具体的工作步骤。

(1) 初始化。

① $x_0=0,y_0=0$。

② 设定循环次数 P 或收敛门限，设定循环中的截断门限 δ。

(2) 在 $p=1,2,\cdots,P$ 次循环中。

① 计算残余成分 $r=Ax_{p-1}+By_{p-1}-v$。

② 分别针对 x 和 y 计算$\|S^{1/2}(Ax_{p-1}+By_{p-1}-v)\|_2^2$ 的导数：$\nabla x=2A^{\mathrm{T}}S\cdot r$，$\nabla y=2B^{\mathrm{T}}S\cdot r$。

③ 更新$x_p=x_{p-1}-\mu\nabla x$，$y_p=y_{p-1}-\mu\nabla y$，其中 μ 表示的是步长，通常可以选定为 0.5。

④ 分别针对x_p和y_p采用软截断的方法突出稀疏性：如果添加x_p和y_p均为正数的约束条件，则把x_p和y_p中任何小于截断门限 δ 的值置为零，否则把x_p和y_p中任何绝对值小于截断门限 δ 的值置为零。

⑤ 基于 FISTA 的特点，x_{p+1}和 y_{p+1}需要基于前两轮循环结果的线性组合才能计数出来，其中描述线性系数 t_{p+1} 可以通过下式更新：

$$t_{p+1}=\frac{1+\sqrt{1+4\,t_p^2}}{2}$$

$$x_{p+1}=x_p+\left(\frac{t_{p-1}}{t_{p+1}}\right)(x_p-x_{p-1})$$

$$y_{p+1}=y_p+\left(\frac{t_{p-1}}{t_{p+1}}\right)(y_p-y_{p-1})$$

(3) 当循环次数 P 结束或满足收敛门限后,完成重建结果 x_p 和 y_p。

完成 x、y 或 I^N 和 I^1 的重建,就可以根据前面的推导得出在参考频率下的图像模型 I^r 和谱模型 $\alpha_s I^r$。

为了验证 MFS-CS 方法, 我们把它和常用的普通去卷积方法 multi-scale CLEAN[14] 和 MFS-MSCLEAN[23] 相比较。这里的测试数据采用全球最大的合作科研项目平方公里阵列 SKA 主导设计和模拟宇宙射电源的仿真数据[25],该仿真数据描述了天空中 20×20 平方角度区域,其中包括银河星系外连续射电源,这里所说的连续射电源是表示这里仿真的射电源连续不间断地释放谱射线。同时该仿真集包括的观测目标的谱辐射特性均符合式(7.14),感兴趣的读者可以从澳大利亚联邦科学与工业研究组织的相关网页[26]下载该仿真数据。原始的仿真数据大小为 8192×8192×300×4,该数据立方体中包含 300 个通道,每个通道包括四个斯托克斯(Stokes)参数的极化数据,这里只关注参数为“I”的极化数据,第 150 个通道的原始数据(观测频率为 1.271GHz)如图 7.17(a)所示(显示区间为−0.00001～0.001Jy/pixel,其中幂刻度尺为 0,见文后彩图)。

这里同样假设采用的观测阵列天线是正在澳大利亚西部 Boolardy 建设的 ASKAP,假设把数据立方体置于赤纬−45°,赤经 12h30m00.00(历元 J2000),宽带接收机的观测频率为 1.121～1.421GHz,300 个通道数据均匀分布其中,所以每个通道的带宽为 1MHz。同时假定积分时间是 30s,观测时间是 1h,影响观测噪声的系统温度假设为 50K。图7.17(b)(见文后彩图)显示的是基于 ASKAP 形成的从 1.121～1.421GHz 共 300 通道的合成 uv 覆盖图,基于原始数据图(a)和 uv 覆盖图(b),合成的脏图显示于图(c)(见文后彩图),其显示区间为−0.00001～0.001 Jy/pixel,其中幂刻度尺为 0。为了更好地显示,把图(c)中线框所示的感兴趣区域放大后,可以看到局部的脏图(d)(见文后彩图)。

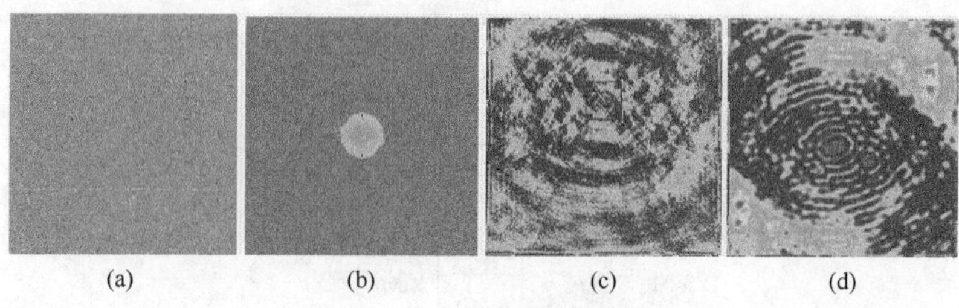

(a)　(b)　(c)　(d)

图 7.17　生成实验数据

整个宽带接收机所接收的 300 个通道中，以第 150 个通道（观测频率为 1.271GHz）为例，开始着手比较 multiscale CLEAN[14]、MFS-MSCLEAN 方法[23]和这里提出的基于压缩感知方法 MFS-CS 的重建效果。首先假设在宽带接收机的频率范围内观测目标的谱特性不变，即暂时忽略多频率合成的问题，采用常规的去卷积 multiscale CLEAN 方法。正如 7.4.1 节介绍的那样，重构图像和残余图像的计算都离不开净束，同样如 7.4.1 节所述，净束是通过二维高斯分布逼近脏束最大半波宽获得的，它的最大半波宽分别为 17.48 角秒和 16.70 角秒。multiscale CLEAN 方法的重建结果展示在图 7.18(a)～(d)(见文后彩图)中，从左向右分别为：(a)原始图像与净束卷积获得的结果；(b)multiscale CLEAN 方法获得的重建模型；(c)multiscale CLEAN 方法获得的重建图像(即重建模型与净束卷积的结果)；(d)multiscale CLEAN 方法获得的残余图像。从图(c)和图(d)可以看出，重构图像和残余图像都不是平展的，存在碗边效应，可见简单地采用去卷积的方法来解决多频率合成问题是很不理想的。图 7.18(e)～(h)(见文后彩图)显示的是采用 MFS-MSCLEAN 方法获得的结果，从左向右分别为：(e)是通过 MFS-MSCLEAN 方法获得的谱系数α_s，这里谱系数α_s的计算公式如下：

$$\alpha_s=\frac{\alpha_s I^r * \text{净束}}{I^r * \text{净束}+\xi} \tag{7.28}$$

其中，$*$表示卷积符号；为了避免分母中出现 0，参数ξ被置为10^{-4}。从式(7.28)可以看出，计算谱系数α_s的过程对噪声是极为敏感的，所以一般情况下，多频率合成方法只有在观测数据是高信噪比时才具有实际意义；(f)是 MFS-MSCLEAN 方法重建的模型；(g)是 MFS-MSCLEAN

方法的重建图像；(h)是通过 MFS-MSCLEAN 方法获得的残余图像。从这些结果可以看出，采用 MFS-MSCLEAN 方法的重建图像和残余图像在非目标区域都比 multiscale CLEAN 方法的结果要平整，所以明显优于 multiscale CLEAN 方法的结果。图 7.18(i)～(l)(见文后彩图)显示的是采用MFS-CS 方法获得的结果，从左向右分别为：(i)同样采用上式计算出 MFS-CS 方法重建的谱系数 α；(j)MFS-CS 方法重建的模型；(k)MFS-CS 方法的重建图像；(l)MFS-CS 方法获得的残余图像。通过比较 MFS-CS 方法的结果可以看出，一方面该方法的重建图像和残余图像在非目标区域也比 multiscale CLEAN 方法的结果要平整，MFS-CS 方法的重建图像(图(k))明显比 MFS-MSCLEAN 方法(图(g))具有更少的振铃效应，特别是在中心目标区域的周围；另一方面，通过比较重建的谱系数和重建的模型可以看出，MFS-CS 方法比 MFS-MSCLEAN 方法重建出了更多的观测目标。总之，这个基于压缩感知的多频率合成方法 MFS-CS 在仿真实验中取得了较好的结果，期待在实际的射电天文观测领域中获得进一步的检验。

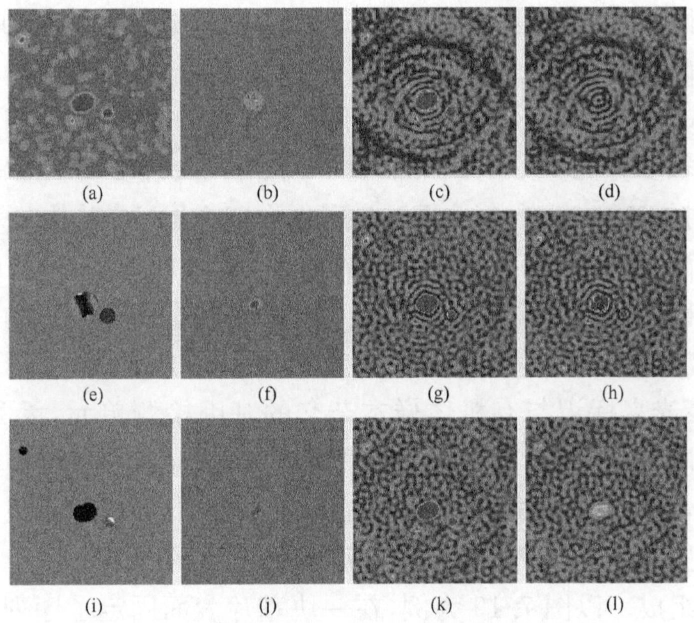

图 7.18　第 150 通道的仿真结果

这里简要介绍了两种把压缩感知应用在射电天文领域的范例，而且已经公开了所有相关的 MATLAB 代码，感兴趣的读者可以从文献[27]下载 。

7.5 压缩感知在基因检测器中的应用

病原体生物感知/检测是一个特别重要的研究领域，快速而精准的生物感知在诸多领域具有重要潜力，如健康医疗、国防和环境监测。这里主要介绍一种新式生物传感器——以压缩感知为基础的 DNA 微阵列(compressive sensing DNA microarray,CSM)[28,29]。DNA 微阵列比较通俗的名字是基因芯片(gene chip)，它是一块带有涂层的特殊玻璃片，在数平方厘米的面积上安装数千或数万个核酸探针(probes)。它是定性和定量研究许多复杂核苷酸样本中特定 DNA 序列的有效工具，因而在基因组学和遗传学研究领域广为使用。顾名思义，压缩感知微阵列就是一种基于压缩感知理论框架下获取测量数据的微阵列，经由一次测验，即可提供大量基因序列相关资讯，进而确定所关注的任何组织和 DNA 的绝对表达量。

DNA 序列的微阵列方法相比于其他方法的优势是，它可以并行地同时检测很多有机体[30,31]。一个 DNA 微阵列由许多基因探针构成，每个单元包括 DNA 序列，每个 DNA 序列由四个 DNA 基构成(A,T,G,C)，这四个基一般会捆绑形成互补的配对：A 和 T 形成一对，G 和 C 形成一对。因而目标有机体样本中的 DNA 序列将趋于同它的互补基结合(术语经常称为杂交)而形成稳定的结构。一般来说，在清洗微阵列前，采用荧光来标识与有机体样本杂交的基因检测单元，无关的 DNA 将会被清洗掉，所以只有与目标样本相结合或杂交的 DNA 被遗留下来。然后，这个微阵列能够激发荧光的激光扫描，所以只有发生杂交的单元或位置点显示出荧光，这种特殊的荧光结构图广泛用于鉴别有机体的基因组成。以图 7.19 为例，在一块基片表面固定了序列已知的八核苷酸的探针。当溶液中带有荧光标记的核酸序列 TATGCAATCTAG，与基因芯片上对应位置的核酸探针产生互补匹配时，通过确定荧光强度最强的探针位置，获得一组序列完全互补的探针序列，据此可重组出靶核酸的序列。

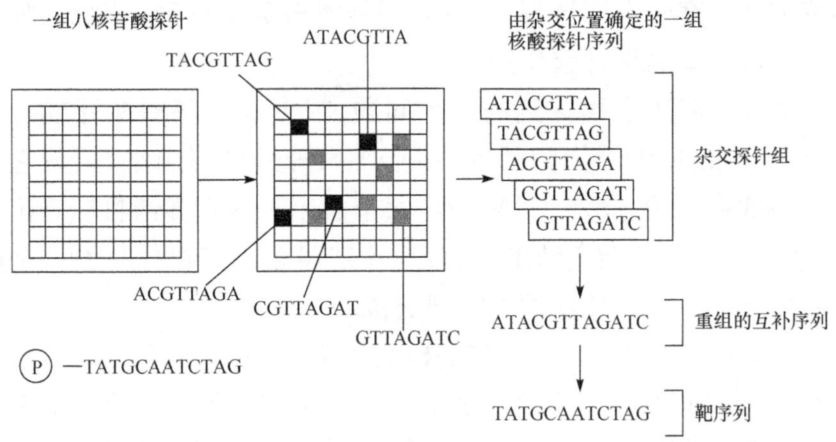

图 7.19　DNA 微阵列用于鉴别有机体基因组成的示例

传统的微阵列设计存在三个问题。每个点(spot)包含的探针能独一无二地鉴别一个感兴趣的靶序列(出于鲁棒特性，每个点包含多个同类探针)。第一个问题，测试样本包含类似的基序列，经常会与错误的探针形成杂交(也经常称为互杂交)，这就会造成在读出微阵列数据时出错，目前的微阵列无法解决类似 DNA 序列造成的互杂交问题。

第二个问题，一旦选定了微阵列中 DNA 探针，也就决定了它所能鉴别的有机体的数量。在典型的生物感知应用中，往往同时有多种有机体待鉴定，因而需要大量的点或基因探针。事实上，存在超过 1000 种有害的微生物，许多微生物包含超过 100 个品种。处理微阵列数据的时间和实现的代价直接与片上的基因探针或点密切相关，当微阵列片上的点数巨大时，为后续微阵列数据的处理带来巨大挑战，这是把以微阵列为基础的生物感知商业化过程中一个不可回避的问题。传统 DNA 阵列的读出系统无法小型化或通过电子元器件来实现，而只能通过荧光标识法来实现。

第三个问题，传统微阵列中大量的基因探针往往利用率低下。尽管在样本中可能存在的试剂种类众多，但不是所有试剂在某个特定时间和特定地点都会有所体现。因而，当样本较为单一时，传统微阵列中只有很少量的基因探针起作用。

为了综合解决上面提到的三个问题、减少片上基因探针或片上点的个数[32,33]，以压缩感知为基础的DNA微阵列被提出来[28,29]，它采用了组合测试感知的方法。CSM中的每个点用于鉴别多组目标有机体的样本，通过多个点的杂交结果，综合地鉴定出多组有机体。设计基因探针开展组合感知是设计新型微阵列的核心。

为了构建一个基于压缩感知的检测框架，CSM中的每个点被设定为一组鉴别器，所以从每个点读出的数据是一个有待检测有机体的概率组合。这些概率反映了每个点中的基因探针和待测有机体的杂交关系强度（联姻关系强度），如果待检测有机体与在CSM某点有较低的联姻关系，则表示该点中基因探针没有包含待测有机体。每个微阵列点中读出信号是一个描述探针序列和待测有机体之间杂交联姻关系的线性组合。

$$\Phi_{M\times N}=\begin{bmatrix}\phi_{11} & \cdots & \phi_{1N}\\ \vdots & & \vdots\\ \phi_{M1} & \cdots & \phi_{MN}\end{bmatrix} \tag{7.29}$$

上述方程表示CSM型微阵列的数学结构，它可以表述为矩阵$\Phi_{M\times N}$，其中M表示微矩阵包含M个探针序列，N表示待测有机体的N种可能，一般来说，探针数量远少于待测目标中潜在包含的有机体，即$M\ll N$。在微阵列中位置为第i个点的探针和第j个待检测目标的联姻关系可以表述为ϕ_{ij}，其中$1\leqslant i\leqslant M, 1\leqslant j\leqslant N$。在待测DNA样本中第$j$个待检测目标聚集在$x_j$，所以在点$i$的总杂交可以表示为$y_i=\sum\limits_{j=1}^{N}\phi_{ij}x_j=\phi_i x$，其中$\phi_i$和$x$分别为一个行矢量和一个列矢量。最终通过该微阵列测量的信号强度矢量为$y=\{y_i\}$，其中$i=1,\cdots,M$，因而这个新型微阵列满足压缩感知的框架$y=\Phi x$。

基于压缩感知框架的新型微阵列基因检测器的主要优点是可检测信息的可伸缩性。通过这种新型微阵列，基于很少的测量值，不仅可以检测,还可以预测目标信号。自然环境中总是包含某些少量的病原体,只有当这些病原体大量积聚的时候才会对人类的健康形成威胁,所以能够有效地预测出病原体的种类是非常重要的。特别需要指出的是,当目标信号中包含实验噪声,即在检测过程中由超大分子引起的非线性测量值时,通过压缩感知的重建方法仍然可以检测出目标信号[33]。

7.6　压缩感知在其他方面的应用

7.6.1　稀疏误差纠错

在通信领域中,误差纠错[34,35]是指经过信道传输后检测出误差并纠正误差,这属于信道编码范畴,经典的方法是重传机制、冗余性检测和紧邻码字搜寻等。这里仅考虑一种特殊的情况,一个包含 M 个元素的信号 s 通过长度为 N 的 M 个线性独立码书 $\{\phi_1,\cdots,\phi_M\}$ 编码:把 s 作为每个码书的系数,而后针对每个码书 ϕ_i,把这些带有系数的元素都加起来形成编码后的码字 $\{r_1,\cdots,r_N\}$,其中 $N>M$。整个过程采用数学公式表达为 $r=\sum\limits_{1}^{M}\phi_i s_i=\Phi s$,其中矩阵 Φ 由 M 个线性独立码书以列的形式构成。假设信道传输过程中以加性的方式遭遇误码,即接收到的数据 $r=\Phi s+e$,其中 e 表示误差矢量。假设这里的误差 e 中最多包含 K 个非零系数,很明显,当误差矢量中的非零系数太多时,例如,从信息论的角度出发,当 $2K>N-M$ 时,不可能恢复出原始信号 s。

压缩感知理论框架中的稀疏信号重建为预测误差矢量 e 提供了新的方法。当误差矢量 e 是一个稀疏信号时,基于稀疏信号重建方法,就很有可能纠正误差而恢复原始的发送信号 s。为了预测误差 e,文献[35]构建一个矩阵 Θ,它是由矩阵 Φ 的生成子空间的正交基构成的,也就是说,大小为 $(N-M)\times N$ 的矩阵 Θ 可以使得 $\Theta\Phi=0$。当构建这样一个矩阵后,就可以通过乘以矩阵 Θ 来修正接收到的信号 r:$\tilde{r}=\Theta r=\Theta\Phi s+\Theta e=\Theta e$。如果误差矢量 e 足够稀疏[35],并且矩阵 Θ 满足压缩感知的基本前提条件,即它满足约束等距性质,则这个误差矢量是可以很精确地被压缩感知的重建方法预测出来的。一旦获得了误差矢量 $\hat{e}$,则去掉误差影响的接收信号为 $\hat{r}=r-\hat{e}$，原始的发送信号 $\hat{s}$ 可以通过 $\hat{s}=\Phi^{\dagger}\hat{r}=\Phi^{\dagger}r-\Phi^{\dagger}\hat{e}$ 获得。

7.6.2 压缩感知在星载天文望远镜 HERSCHEL 中的应用

HERSCHEL 是欧洲空间局最新式的空间观测站，它搭载了人类有史以来最大的红外望远镜，其主镜直径达到 3.5m，大概是哈勃望远镜的 1.5 倍。它的主要目的是研究恒星和星系的起源进而帮助人类了解宇宙，HERSCHEL 于 2009 年 5 月 14 日在法国成功发射。它搭载有三个探测仪器：光电探测器阵列相机与光谱仪（photodetector array camera and spectrometer，PACS）、成像光谱与测光仪（spectral and photometric imaging receiver，SPIRE）和远红外外差接收机（heterodyne instrument for the far infrared，HIFI）。这颗卫星的轨道接近拉格朗日 L_2 点，要从这么远的距离传输大量的观测数据，传输带宽明显不够，尤其是针对 PACS 载荷，需要引入八倍的数据压缩才能与传输带宽相匹配，然而由于卫星上捉襟见肘的数据处理能力和功耗的限制，根本无法完成图像压缩的任务。

在设计之初，研究人员考虑如下处理方案：①每隔八帧传输一次，这样可以保证无压缩传输，然而这就造成了数据的巨大浪费；②把连续八帧数据计算均值而后传输均值，同样也可以保证无压缩即可完成传输，但这个方案会造成观测图像的模糊。可见这些方案不是很完善，这时压缩感知理论的出现为研究人员带来了新的希望。由于星上计算能力和存储能力的限制，研究人员无法完全遵从压缩感知的设计原理，无法生成随机测量矩阵，他们采用了通过线性处理实现的 Hadamard 变换[36]。这里采用 Hadamard 变换主要是因为它均匀地混合了所有像素，而后再结合一个 1/8 概率的随机抽取过程，这样就在压缩感知理论的框架下，完成了压缩感知的采样过程。在地面站通过稀疏信号重建算法即可实现稀疏天文图像的重建，实验结果显示，该方案圆满地完成了数据的压缩和观测任务，这也是第一个在太空中应用压缩感知的实例[36]。

参考文献

[1] Duarte M F, Davenport M A, Takhar D, et al. Single-pixel imaging via compressive sampling [J]. Signal Processing Magazine, IEEE, 2008, 25: 83-91.

[2] Wakin M B, Laska J N, Duarte M F, et al. An architecture for compressive imaging[C]. Proceedings of the Image Processing, 2006 IEEE International Conference on, 2006.

[3] http://inviewcorpcom/products/[2015-9-1].

[4] 靳克强，龚志辉，汤志强，等. 机载 LiDAR 技术原理及其几点应用分析[J]. 测绘与空间地理信息，2011，34：144-146.

[5] Kirmani A, Colao A, Wong F N, et al. Exploiting sparsity in time-of-flight range acquisition using a single time-resolved sensor[J]. Optics Express, 2011, 19: 21485-21507.

[6] Howland G A, Dixon P B, Howell J C. Photon-counting compressive sensing laser radar for 3D imaging[J]. Applied optics, 2011, 50: 5917-5920.

[7] Zhao C, Gong W, Chen M, et al. Ghost imaging lidar via sparsity constraints[J]. Applied Physics Letters, 2012, 101: 141123.

[8] Eldar Y C, Mishali M. Robust recovery of signals from a structured union of subspaces[J]. IEEE Transactions on Information Theory, 2009, 55: 5302-5316.

[9] Mishali M, Eldar Y C. From theory to practice: Sub-Nyquist sampling of sparse wideband analog signals[J]. IEEE Journal of Selected Topics in Signal Processing, 2010, 4: 375-391.

[10] Thompson A R, Moran J M, Swenson Jr G W. Interferometry and Synthesis in Radio Astronomy[M]. New York: Wiley, 2008.

[11] Condon J, Cotton W, Greisen E, et al. The NRAO VLA sky survey[J]. The Astronomical Journal, 1998, 115: 1693.

[12] Middelberg E, Sault R J, Kesteven M J. The ATCA seeing monitor[J]. Publications of the Astronomical Society of Australia, 2007, 23: 147-153.

[13] Högbom J. Aperture synthesis with a non-regular distribution of interferometer baselines [J]. Astronomy and Astrophysics Supplement Series, 1974, 15: 417.

[14] Cornwell T J. Multiscale CLEAN deconvolution of radio synthesis images[J]. IEEE Journal of Selected Topics in Signal Processing, 2008, 2: 793-801.

[15] Li F, Brown S, Cornwell T J, et al. The application of compressive sampling to radio astronomy II: Faraday rotation measure synthesis [J]. Astronomy&Astrophysics, 2011, 531: A126.

[16] Starck J L, Fadili J, Murtagh F. The undecimated wavelet decomposition and its reconstruction[J]. IEEE Transactions on Image Processing, 2007, 16: 297-309.

[17] Murtagh F, Starck J. Astronomical Image and Data Analysis [M]. New York: Springer, 2006.

[18] Li F,Cornwell T J,de Hoog F. The application of compressive sampling to radio astronomy I:Deconvolution[J]. Astronomy & Astrophysics,2011,528:A31.

[19] Beck A, Teboulle M. A fast iterative shrinkage-thresholding algorithm for linear inverse problems[J]. SIAM Journal on Imaging Sciences,2009,2:183-202.

[20] Daubechies I, Defrise M, De Mol C. An iterative thresholding algorithm for linear inverse problems with a sparsity constraint[J]. Communications on Pure and Applied Mathematics, 2004,57:1413-1457.

[21] Conway J,Cornwell T,Wilkinson P. Multi-frequency synthesis-a new technique in radio interferometric imaging [J]. Monthly Notices of the Royal Astronomical Society, 1990, 246:490.

[22] Sault R,Wieringa M. Multi-frequency synthesis techniques in radio interferometric imaging [J]. Astronomy and Astrophysics Supplement Series,1994,108:585-594.

[23] Rau U,Cornwell T J. A multi-scale multi-frequency deconvolution algorithm for synthesis imaging in radio interferometry[J]. Astronomy & Astrophysics,2011,532:A71.

[24] Candès E J,Wakin M B. "People hearing without listening:" An introduction to compressive sampling[R]. California:Institute of Technology,2008.

[25] Wilman R,Miller L,Jarvis M,et al. A semi-empirical simulation of the extragalactic radio continuum sky for next generation radio telescopes[J]. Monthly Notices of the Royal Astronomical Society,2008,388:1335-1348.

[26] http://www. atnf. csiro. au/people/MatthewWhiting/ASKAPsimulationsphp#Pol1[2011-6-20].

[27] http://code. google. com/p/csra/downloads[2014-12-30].

[28] Sheikh M A,Milenkovic O,Baraniuk R G. Designing compressive sensing DNA microarrays [C]. Computational Advances in Multi-Sensor Adaptive Processing,2007 CAMPSAP 2007, 2nd IEEE International Workshop on,2007:141-144.

[29] Dai W,Sheikh M A,Milenkovic O,et al. Compressive sensing DNA microarrays[J]. Eurasip Journal on Bioinformatics and Systems Biology,2009:1-13.

[30] Lander E S. Array of hope[J]. Nature Genetics,1999,21:3-4.

[31] Schena M,Shalon D,Davis R W,et al. Quantitative monitoring of gene expression patterns with a complementary DNA microarray[J]. Science,1995,270:467-470.

[32] Milenkovic O,Baraniuk R,Simunic-Rosing T. Compressed sensing meets bioinformatics:A novel DNA microarray design[C]. Proceeding of the Second Annual ITA Workshop,2007.

[33] Sheikh M A,Sarvotham S,Milenkovic O,et al. DNA array decoding from nonlinear measurements by belief propagation[C]. Statistical Signal Processing, 2007 SSP'07 IEEE/SP 14th Workshop on,2007:215-219.

[34] Eldar Y C，Kutyniok G. Compressed Sensing：Theory and Applications[M]. Cambridge：Cambridge University Press，2012.

[35] Candes E，Rudelson M，Tao T，et al. Error correction via linear programming[C]. Foundations of Computer Science，2005 FOCS 2005，46th Annual IEEE Symposium on，2005：668-681.

[36] Barbey N，Sauvage M，Starck J L，et al. Feasibility and performances of compressed sensing and sparse map-making with Herschel/PACS data[J]. Astonomy&Astrophysics，2011，527：A102.

附录 A　压缩感知实例

如下面的 MATLAB 程序所示，简单的几行语句就可以描述出压缩感知的工作原理。感兴趣的读者可以从网址[1]处下载。

```
N= 512;% 设定待观测目标信号长度
K= 20;% 目标信号的稀疏度即非零元素个数
M= 120;% 基于压缩感知的观测值个数
x= zeros(N,1);% 生成所有元素为 0 而且长度为 N 的矢量
q= randperm(N);% 随机打乱排序
x(q(1:K))= sign(randn(K,1));% 生成幅值为 1 或－1 的 K 个非零元素的稀疏目标信号 x
A= randn(M,N);% 生成 M 行 N 列服从高斯分布的测量矩阵
A= orth(A')';% 把测量矩阵按行正交化
y= A* x;% 获得的观测矢量
x0= A'* y;% 基于最小能量法(即 l2 范数最小化)估算出的初始值
xp= l1eq_pd(x0,A,[],y,1e- 3);% l1-MAGIC 中基于 l1 范数最小化的求解
```

图 A. 1 显示的是原始输入稀疏变量(包含 20 个非零值)，采用 ℓ_2 范数最小化重构出的结果(x_0)显示在图 A. 2 中，采用 ℓ_1 范数最小化重构出的结果(x_p)显示在图 A. 3 中。从这个实验可以看出，当待采样信号稀疏时，可以通过 ℓ_1 范数最小化的优化算法无失真地重构出原始稀疏信号，而采用 ℓ_2 范数最小化重构则无法成功重构。这也不难理解，ℓ_2 范数最小化的本质是满足病态方程 $y=Ax$ 的条件下，求解出能量最小的信号，很明显，这个方法不会给每个位置上信号同样的权值，往往通过压缩幅值较大的变量而鼓励很多幅值较小的变量，所以这种方法无法重构出稀疏信号。

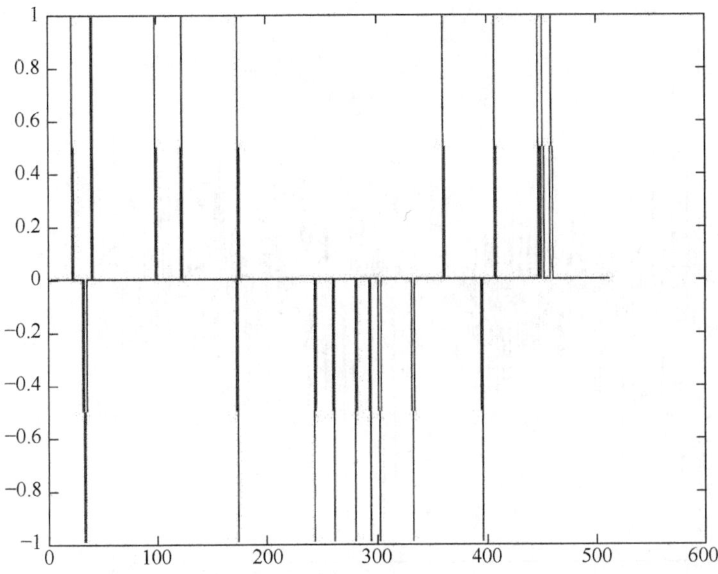

图 A.1　原始输入稀疏变量(包含 20 个非零值)

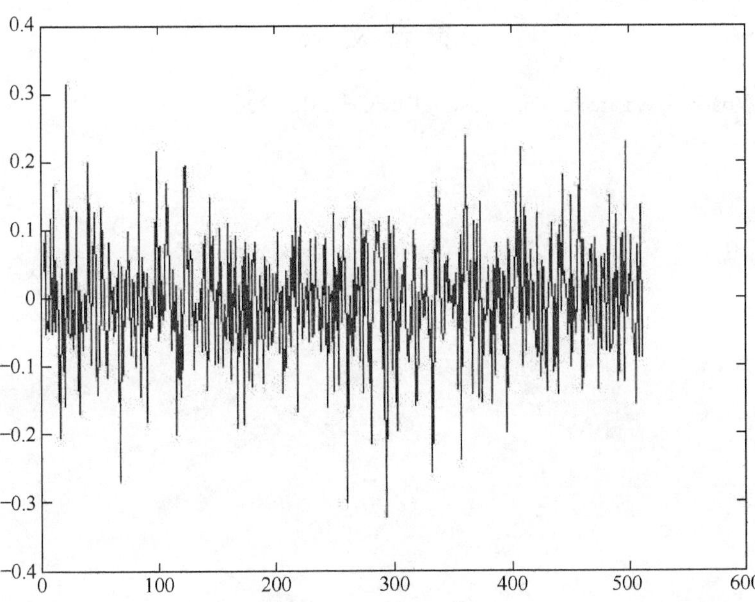

图 A.2　通过 ℓ_2 范数最小化重构出的结果(x_0)

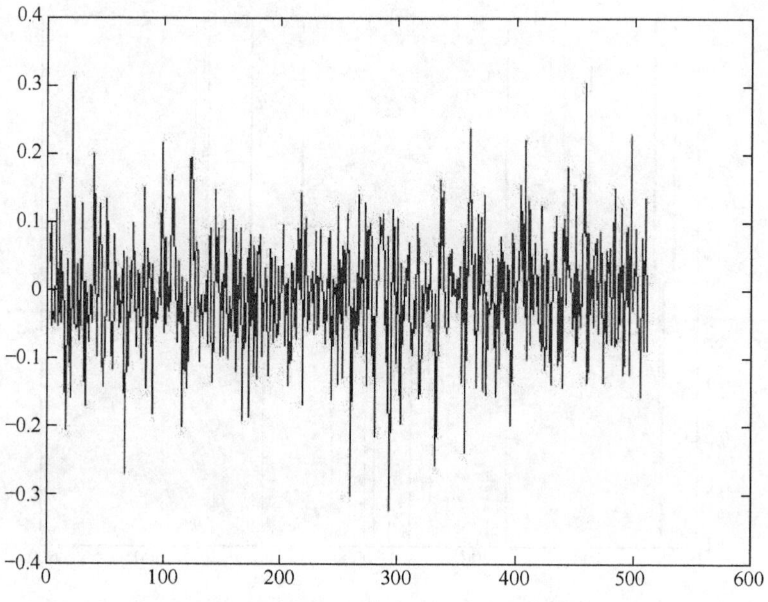

图 A.3　通过 ℓ_1 范数最小化重构出的结果(x_p)

参 考 文 献

[1] http://users. ece. gatech. edu/～justin/l1magic[2015-9-1].

附录 B　Lenna 图像趣闻

熟悉图像处理或压缩的研究人员或学生是最有可能在他们的项目或实验中使用 Lenna 或 Lena 图片的群体了。Lenna 图像是当前使用最为广泛的标准测试图像之一，使用 Lenna 图像已经被公认为是电子成像技术发展史上一件里程碑式的事件。然而，很少有人见过原始的 Lenna 图片、了解关于 Lenna 的完整故事。作者李峰的博士生导师 Danold Fraser 博士曾经有幸在一次国际图像处理大会(International Conference on Image Processing)上遇见 Lenna，通过他的口述和互联网上查到的相关资料，整理出了这部分内容。

Lena Söderberg 是该名女子的真实名字，她曾是一名模特，于 1951 年 3 月 31 日出生在瑞典。经典的原始 Lenna 图像由摄影师 Dwight Hooker 于 1972 拍摄，该图片曾经是美国《花花公子》杂志 1972 年第 11 期的插页图片。在花花公子公司内部，她被称为“Lenna”，而在瑞典语中她的名字被称为“Lena”，在英语中为了正确发出这个发音，常拼写为“Lenna”。她后来被报道在瑞典首都斯德哥尔摩定居，婚后成为了三个孩子的母亲。在 1988 年，她接受一家瑞典计算机类杂志社的专访，她才很开心地知道原来她自己在图像处理领域这么有名气[1]。

把 Lenna 图像引入到数字图像处理领域还有一段小插曲。如文献[2]作者所述，Alexander Sawchuk 在南加州大学的信号和图像处理研究所做助教时，在 1973 年的 6 月或 7 月的一天，他和一名研究生还有实验室主任为他们的同事准备一篇会议文章，他们需要找一幅清晰的图像来测试他们的扫描仪，当时流行的测试图像大多可以追溯到 20 世纪 60 年代早期的电视标准工作时期，由于厌倦了常规的测试图像，他们希望采用一幅能确保输出图像具有较高动态范围的人脸图像，恰好此时有人拿着一本近期出版的《花花公子》杂志走进了实验室，这些工程师截取了其中插页 Lenna 原图的上面 1/3(图 B. 1，见文后彩图)，通过他们的扫描仪实现了模拟图像到数字图像的转换，不经意间就形成了现今流行的 Lenna 图像，同时神秘的 Lenna 本人也被公认为互联网上的第一夫人。

图 B.1 裁剪后的 Lenna 图像

选用该图像的原因是，一方面它包含丰富的细节、平滑区域、阴影和大量的纹理信息；另一方面，图像中的 Lenna 本人的美丽可以让图像处理领域的工程师们(大多为男性)孜孜不倦地基于一幅有吸引力的图像开展研究工作，所以在过去 40 年中，没有其他任何一幅图像在图像处理领域中显得如此重要[3]。

正是因为这幅图像在学术界的重大影响力，Lenna 本人也经常受邀参加学术大会。例如，在 1997 年 5 月，她受邀参加了在波士顿举行的第 50 届 Imaging Science and Technology(IS&T)大会，一边忙于签名，一边给大会做了一个关于她自己的演讲报告，她自嘲地说："他们一定已经对我烦透了，看同一幅图像看了这么多年。"[4] 图 B.2(见文后彩图)是 Lenna 和 IS&T 大会主席 Jeff Seideman 在会议期间的合影。令人期待的是，受到 IEEE 国际图像处理大会的邀请，Lenna 将参加 2015 年加拿大魁北克举行的第 22 届国际图像处理大会并将为获奖论文颁奖。

图B.2　在第50届IS&T会议期间Lenna和大会主席Jeff Seideman的合影

参考文献

[1] http://wwwcscmuedu/～chuck/lennapg/.

[2] Hutchinson J. Culture, communication, and an information age madonna[J]. IEEE Professional Communication Society Newsletter, 2001, 45: 1-7.

[3] http://enwikipediaorg/wiki/Lenna.

[4] http://wwweecityueduhk/～lmpo/lenna/Lenna97html.

后　记

压缩感知理论的发展日新月异，就在尝试把这本书收尾的时候，跟踪到了压缩感知领域的最新发展动态——自然成像(imaging with nature)[1]，我们认为这个发展方向很有新意，现也一并呈现给读者。

正如前面介绍的，通过压缩感知可以极大地提高采样效率，然而在实际应用中，如果想充分利用该理论，往往需要精确地操控混叠器件或物质(这里的混叠器件可以是前面介绍的 DMD 或液晶空间光调制器)，而后顺序地获得测量值。这里将要介绍的新方法充分利用自然界中波在散射介质中传播的随机性，并把这种随机传播特性作为压缩感知中的采样机理[2]，但是此时并非采用单个探测器。而是并行地采用多个探测器。散射介质中传播的随机性，使得每个局部探测器都可以获得从待观测目标反射回来的全局信息。如下图所示，其中图(a)是基于传统奈奎斯特采样定律的均匀采样；图(b)所示的是前面介绍的应用实例——单像素相机；这里提到的自然成像体现在图(c)中。如图所示，这里的成像模型中多了一个多径散射传输介质(multiply scattering media)，同时区别于标准的压缩感知模型的单个探测器，多径散射传输

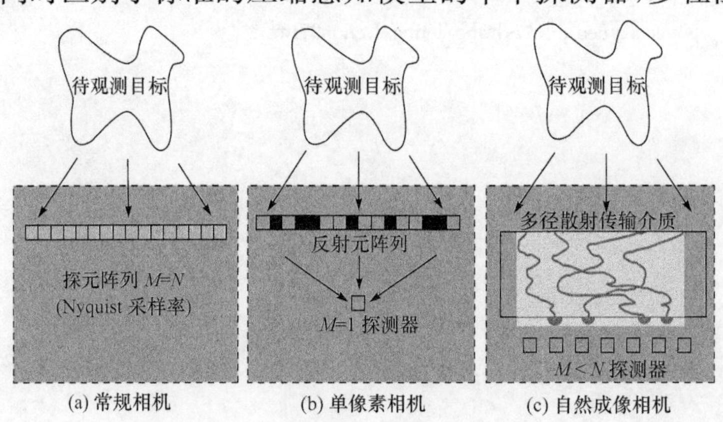

(a) 常规相机　　(b) 单像素相机　　(c) 自然成像相机

常规相机、单像素相机和自然成像相机的比较

介质后面接的是 M 个探测器,即自然成像模型将一次获得足够多的测量值,即把标准压缩感知单像素相机的串行获取每个测量值改进为一次并行地获得多个测量值。

目前这些多径散射传输介质已经在现实生活中研发出来,通常它们具有不可逆的物理传输函数[3]。在压缩感知的框架下,这些多径散射传输介质可以起到高效地把从待观测目标反射回来的波随机混叠的作用,而后这些全局的混叠结果被多个探测器检测到进而获得多个观测值。区别于标准压缩感知系统中精确可控的数字随机混叠器,这些多径散射传输介质可以看成模拟随机混叠器。

虽然散射介质对波的散射杂乱无章,但这个随机混叠过程却是固定不变的;针对一个已知的输入信号和一个稳定的介质,其输出信号是固定的,所以散射介质起到压缩感知中感知矩阵的作用。这里区别于经典压缩感知理论的重要一点是,这种自然成像系统中的感知矩阵不是预先设定好的,而是需要一个校准的步骤来学习特定散射介质形成的"感知矩阵"。在成像环境不变的前提下,通过足够多的输入样本和输出的观测值,再采用简单的最小平方误差方法就可以获得该散射介质在该环境下的感知矩阵[4,5]。

区别于经典的压缩感知框架,这里的自然成像一次可以同时获得多个观测值,同时基于前面通过校准步骤获取的感知矩阵,就可以采用经典的压缩感知重构方法重建原始输入信号。文献[1]中,作者采用 300μm 厚的氧化铝薄膜作为散射介质,成功地重建了原始输入信号。这种自然成像系统具有如下特点:需要远小于奈奎斯特采样所需的探测器;每种散射介质可以覆盖某些特定的频率范围,因而自然成像除了可以用于可见光,也同样适用于钛赫兹、超声波等领域;这种成像机制,散射的混叠机制符合压缩感知的全局随机采样机理;明显区别于经典的压缩感知模型,这里采用并行机制,一次同时地获取多个观测值,使得该方法更具有实用价值;但这类自然成像体制有一个明显的缺点,即该体制需要一个校准的步骤,值得庆幸的是这个校准步骤只需要一次。

参考文献

[1] Liutkus A, Martina D, Popoff S, et al. Imaging with nature: compressive imaging using a mul-

tiply scattering medium[J]. Scientific reports,2014,4.

[2] http://users. oce. gatech. edu/~justin/l1magic[2015-9-1].

[3] Ravikanth P S. Physical One-Way Functions[M].

[4] Popoff S M, Lerosey G, Fink M, et al. Controlling light through optical disordered media: Transmission matrix approach[J]. New Journal of Physics,2011,13:123021

[5] Popoff S M,Lerosey G,Carminati R,et al. Measuring the transmission matrix in optics:An approach to the study and control of light propagation in disordered media[J]. Physical Review Letters,2010,104:100601.

彩　　图

(a) 图像大小为768KB

(b) 图像大小为86KB

图 1.2　图像信号的数据冗余度

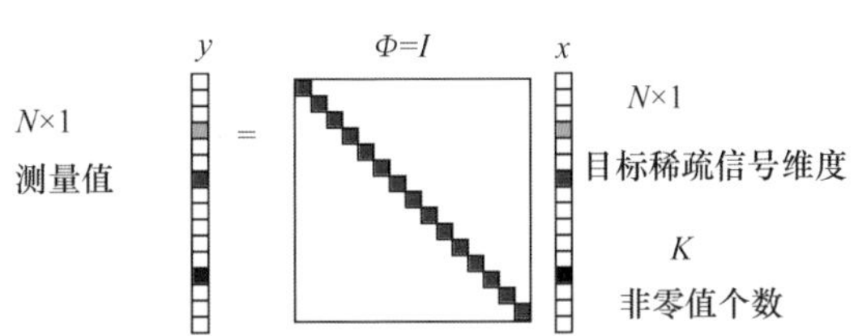

图 3.1　奈奎斯特采样的数学模型

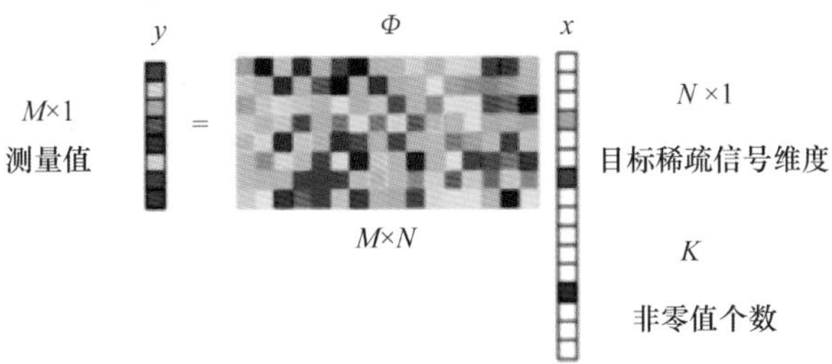

图 3.2　针对本身稀疏信号的压缩感知数学模型

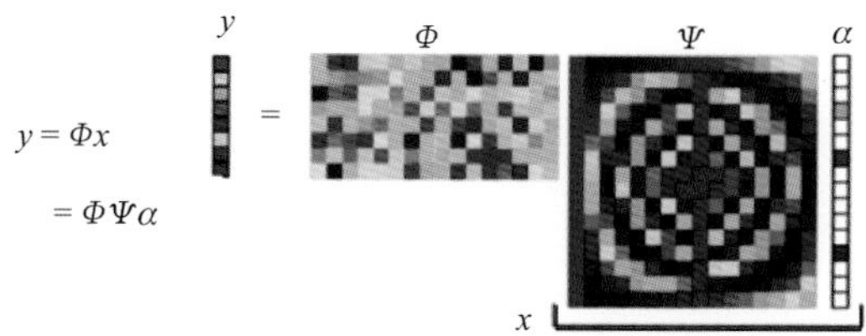

图 3.3　具有普适性的压缩感知数学模型

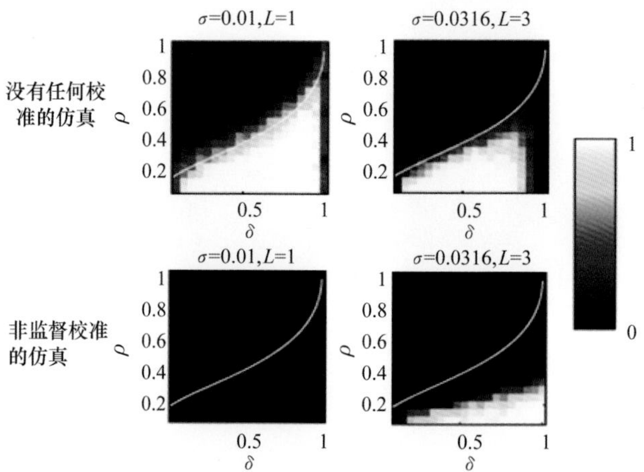

图 4.1　当实验样本很少而且噪声幅度很小时的成功重建概率[15]

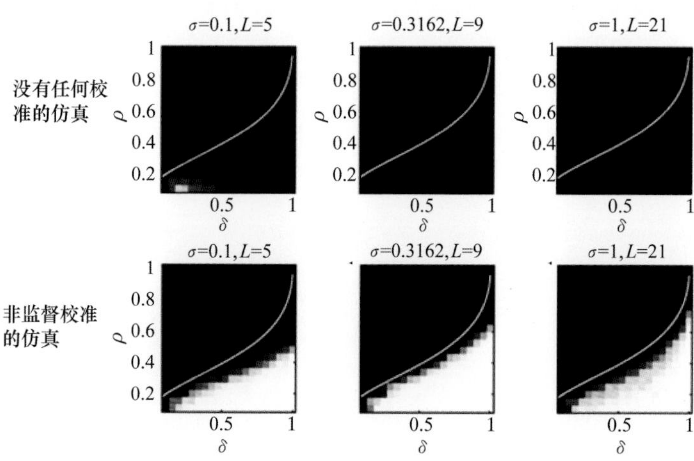

图 4.2　当实验样本增加而且噪声幅度较大时的成功重建概率[15]

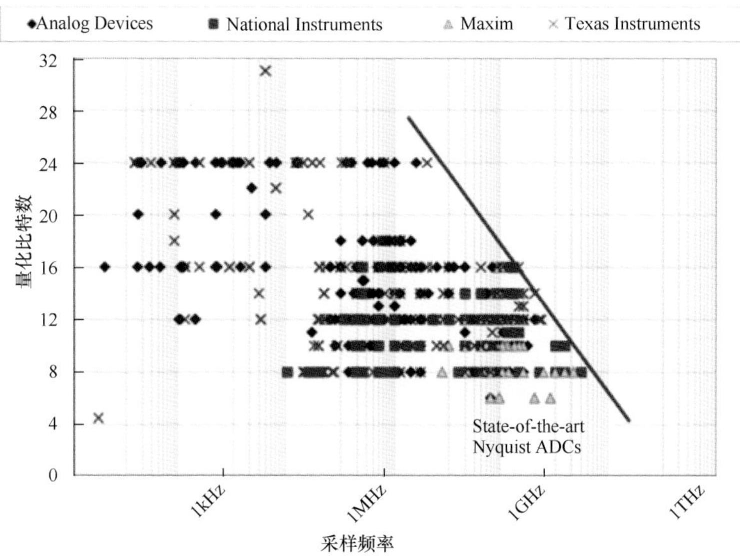

图 7.9 全球模拟数字转换器厂家系列产品性能比较图

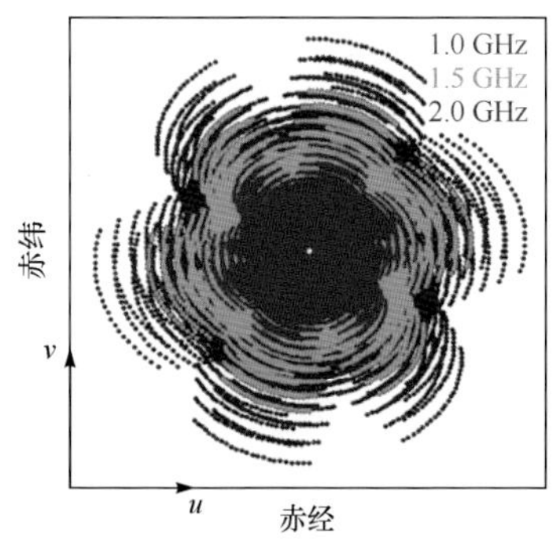

图 7.15 不同观测频率下的测量值有助于填充 uv 覆盖

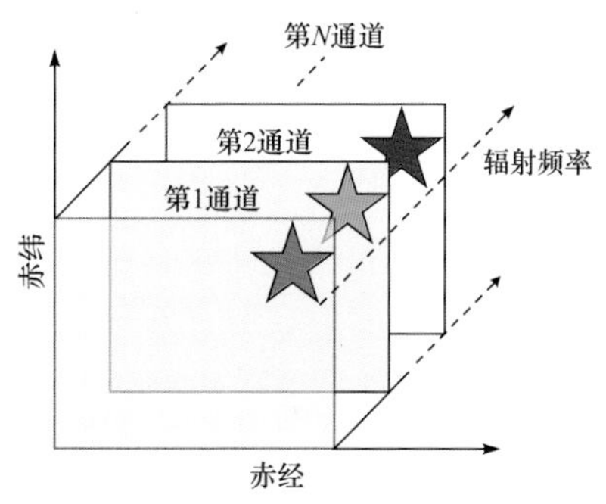

图 7.16 辐射源在不同的频率具有不同的辐射特性

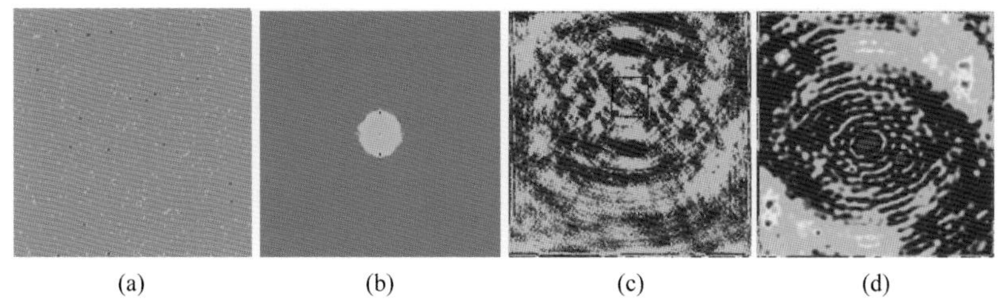

图 7.17 生成实验数据

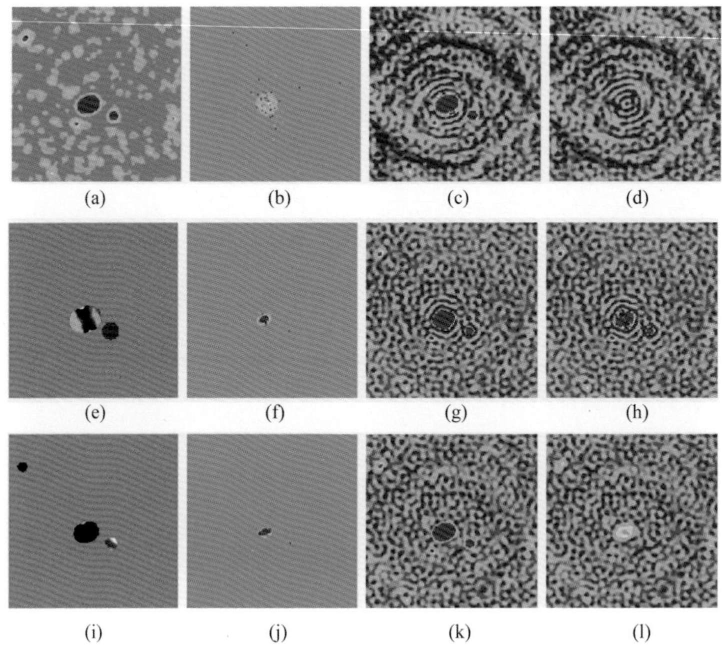

图 7.18 第 150 通道的仿真结果

图 B.1 裁剪后的 Lenna 图像

图 B.2 在第 50 届 IS&T 会议期间 Lenna 和大会主席 Jeff Seideman 的合影